Guía de campo de los

PINOS

de México y América Central

T0141412

FORESTRY RESEARCH PROGRAMME

Este trabajo fué llevado a cabo en el Oxford Forestry Institute, University of Oxford, para el Overseas Development Administration, bajo el proyecto numero R5465 del Forestry Research Programme.

Guía de
campo de los

PINOS

de México y
América Central

ALJOS FARJON

JORGE A. PEREZ DE LA ROSA

& BRIAN T. STYLES

CON ILUSTRACIONES POR
ROSEMARY WISE

Publicado por
The Royal Botanic Gardens, Kew
producido en asociación con el Instituto
Forestal de Oxford, Universidad de Oxford
1997

Primera publicación 1997

ISBN 1 900347 37 7

Diseño de la cubierta por Jeff Eden, composición por Media Resources,
Information Services Department, Royal Botanic Gardens, Kew

Editor General: Suzy Dickerson

Impreso en la Unión Europea
por
Continental Printing, Bélgica.

Indice

Introducción

Los pinos (género *Pinus*, familia Pinaceae) son importantes productores de madera en muchos países, como un recurso natural forestal o en plantaciones forestales. Hay más de cien especies comúnmente reconocidas por los taxónomos, todas originarias de los países del hemisferio norte. Norteamérica es especialmente rica con un total de 65 especies, de estas 38 ocurren en Norteamérica al norte de México (de acuerdo a la Flora de Norteamérica, Vol. 2, 1993) y 43 existen en México y América Central de acuerdo a la monografía de la Flora Neotropica (Farjon & Styles, 1997). Varias especies están distribuidas a través de la frontera entre los EE. UU. y México. No existen especies en Canadá que no estén presentes en los EE. UU. y de forma similar, las 9 especies que se encuentran en América Central también son nativas en México. De esta cuenta uno puede concluir que México es el país con más especies de pinos que ningún otro.

Esta diversidad es aun más grande si se toman en cuenta las numerosas variedades (a veces subespecies) que los botánicos tienen reconocidas, algunas de las cuales han sido elevadas a la categoría de especies por otros. Existe aún desacuerdo entre los especialistas acerca del número exacto de especies, especialmente en México. Se espera que la monografía de la Flora Neotropica, en la cual está basada esta guía de campo, pueda brindar más estabilización, aunque nuevas especies todavía están siendo descritas. Varias especies tienen caracteres altamente variables, otras son más constantes, solamente una profunda comprensión del género entero podrá servir para evaluar estas nuevas especies. Esta guía pretende identificar las especies bien establecidas, pero señala la variación y problemas cuando existen en el reconocimiento de especies.

Los pinos son ecológicamente un componente importante de los bosques de las tierras altas de México; ellos son también abundantes o dominantes en algunas regiones de Guatemala, Belice, Honduras, El Salvador y Nicaragua. En los países de América Central, *Pinus caribaea* var. *hondurensis* ocupa las tierras bajas de la costa del mar Caribe, donde forma "sabanas de pino" en extensas áreas; en México es solamente conocida una pequeña población en el Estado de Quintana Roo. Los bosques más ampliamente distribuidos en que los pinos son el componente principal son los pinares y los bosques de pino-encino. Naturalmente, existen gradientes donde el bosque de pino-encino se une al encinar; cada vez más esto puede ser debido a la corta selectiva de pinos. Hay considerables diferencias entre los pinares propiciadas por las condiciones climáticas, ya que diferentes especies se adaptan a diferentes condiciones más extremas climáticas. Son los pinos piñoneros y especies afines los que viven en condiciones de sequía, bordeando la vegetación desértica y semi-desértica. En contraste, existen algunos pinos en condiciones extremadamente húmedas y frías en bosques de gran altura, frecuentemente con otras coníferas como los oyameles (*Abies*), abeto Douglas (*Pseudotsuga*) y el cedro mexicano (*Cupressus lusitanica*). Otras especies ocupan zonas intermedias y otras son componentes ocasionales de otros tipos de bosque.

Los pinares de México y hasta cierto punto los de Guatemala, son notables por la mezcla de varias especies que se desarrollan en el mismo lugar o en zonas cercanas. Esta diversidad disminuye en lugares donde las condiciones son menos favorables al desarrollo de los pinos, así que encontramos menos especies en zonas de bajas y muy altas altitudes y en localidades secas o muy húmedas.

Los varios usos de los pinos en México, van desde la madera, leña y resina hasta las semillas comestibles. La producción de troncos de pino en México alcanzó 7.5 millones de metros cúbicos en 1986 (Carbajal & McVaugh, 1992). Honduras produce más madera de pino que ningún otro país de América Central y una parte sustancial de su economía esta basada en ella. La producción de madera para aserrar es la más importante, le siguen pulpa de madera para papel kraft y cartón, así como usos locales como leña, postes para cercas, etc. Su importancia radica en el hecho de que el xilema de la mayoría de los pinos "duros" produce largas fibras, dando más fuerza al producto final. Los pinos "blandos", menos abundantes, son buscados por su menor contenido de resina y madera uniformemente granulada. La resina es comercialmente importante en muchas regiones de México y América Central, por lo que muchas especies son explotadas, principalmente *P. oocarpa*, *P. montezumae*, *P. teocote* y *P. pseudostrobus*. La resina es la base de la industria del aguarrás, la cual es el mayor recurso de ingresos en muchos estados mexicanos. Las semillas comestibles son obtenidas de los pinos piñoneros, en particular la ampliamente distribuida especie *P. cembroides*, la cual es común en el norte de México. Las semillas de esta especie son relativamente grandes pero pocas por cono y caen con este al suelo donde son comidas por pájaros y ardillas. La cosecha tiene lugar antes de que el cono caiga, las semillas sin ala son comercializadas localmente y llevadas a las ciudades más grandes de México. La cosecha varía considerablemente de un año a otro en grandes áreas, por lo que este tipo de uso puede ser considerado como una actividad de significancia exclusivamente local.

Los bosques de México y América Central están amenazados por la sobreexplotación, los desmontes para otras formas de uso de la tierra, el sobrepastoreo, el incremento en la frecuencia de los fuegos y otras presiones que generalmente coinciden con el incremento en la población humana. Muchas áreas han sido desprovistas de sus árboles más grandes, dejando solamente bosques de crecimiento secundario de pobre calidad en un estado de permanente disturbio. Además de tal agotamiento, se ha reducido, o se arriesga reducirse, la diversidad genética, ya que no se permite que se regenere un bosque maduro con una variedad de especies más o menos en balance con el medio ambiente. En México, 10 especies de pino están enlistadas por la IUCN como amenazadas de extinción en un futuro previsible si no son tomadas medidas de protección (Farjon et al., 1993). En la conservación de los bosques, desde nuestro punto de vista, debe tener prioridad esta diversidad genética como el mejor amortiguador en contra de las enfermedades y predadores, los disturbios o cambios climáticos así como proporcionar opciones para usos aún desconocidos en el futuro. El conocimiento de esta diversidad comienza con la identificación de las especies y variedades. Por lo tanto es importante identificar las especies en los bosques que no han sufrido el disturbio, previo a la explotación, si el objetivo es la reforestación exitosa y ecológicamente robusta.

La identificación en el campo de varias especies de pinos es por lo tanto importante para la silvicultura, la administración en el uso de la tierra y la conservación de la naturaleza. En un grupo difícil con especies de árboles cercanamente relacionadas las cuales frecuentemente están juntas, sería deseable contar con una herramienta para que los no especialistas las identificaran en el campo. Esta guía de campo pretende proveer esa herramienta. Por otra parte, ya que está basada en una revisión taxonómica comprensiva de los pinos en la misma región, información más detallada puede ser encontrada en aquel trabajo. Cuando se consideró apropiado, nosotros hicimos alusión a la monografía de la Flora Neotropica (Farjon & Styles, 1997), la cual es la base de referencia para esta guía de campo de los pinos de México y América Central.

Como usar esta guía

Esta guía de campo trata todas las especies, subespecies y variedades de pinos (género *Pinus*), que prosperan de forma natural en México y América Central. Del mismo modo, los pequeños mapas de distribución son presentados en cada especie mostrando solamente su rango de distribución natural. Son relativamente pocas las especies de pino exóticas (no nativas de la región), que han sido plantadas a escala significativa, pero debido a que no existe una lista disponible con información suficientemente detallada, han tenido que ser omitidas completamente. Consecuentemente, los árboles plantados pueden ser identificados con esta guía sólo si pertenecen a una especie que sea también originaria de esta región.

Cada especie es tratada bajo un número, el cual es usado como referencia a través de la guía. Este es el número de secuencia utilizado en la monografía de la Flora Neotropica, donde las especies son agrupadas de acuerdo a sus relaciones (tentativas). La misma secuencia es seguida en esta guía, con la omisión de las especies que existen en las Islas del Caribe. Las ventajas son que las especies similares son agrupadas juntas para una comparación fácil y con el uso se puede aprender algo acerca de sus relaciones. También se enfatiza en el hecho que la guía sigue la taxonomía de la monografía. Encontrando una especie por un nombre conocido es siempre fácil usando el índice.

La parte más importante de cualquier guía de campo son sus claves de determinación, ya que su uso auxiliará para la identificación de los árboles a la mano. Las descripciones e ilustraciones sirven como herramientas de verificación en la identificación. Se enfatiza por lo tanto en el uso de las claves sobre cualquier otro tipo de aproximación, como es ver las ilustraciones u hojear las descripciones. Muchos pinos son parecidos y uno puede fácilmente equivocarse en los caracteres mencionados en las claves que los separan. Sin embargo, para conveniencia, se ha presentado una aproximación más fortuita agrupando los pinos por el número de acículas y el tamaño del cono. Esto limita el número de especies de que uno tiene que elegir y puede incluso conducir a una identificación correcta. Leer con cuidado la descripción completa y compararla con la ilustración, es absolutamente necesario para verificar cualquier identificación alcanzada por este método.

Hay dos clases de claves: regional y por grupos morfológicos. Las regiones se presentan en el mapa 1 y se presenta su circunscripción al principio de cada clave. Ellas generalmente se traslapan ligeramente, pero en la mayoría de los casos uno puede estar razonablemente seguro de que otras especies no existen en el área aparte de las que mencionamos. Muchos de los usuarios que solamente están trabajando con los pinos en una de las regiones, pueden encontrar estas claves las más convenientes. La segunda clase de claves cubre la totalidad de las especies que se tratan en esta guía, sin importar donde ocurran. Aquí se tiene que ir primero por la clave a los grupos y después seguir con la clave de grupo elegida. El funcionamiento de las claves está explicado al principio del capítulo Claves de Campo.

Los caracteres importantes en la identificación morfológica son discutidos en el capítulo de Identificación. Aquí se explica algo de terminología, pero un glosario incluída en la guía proporciona definiciones concisas de la mayoría de los términos botánicos usados en la guía. Se intentó reducir el uso de los términos técnicos al mínimo, pero ellos no pueden ser evitados totalmente a menos que sean remplazados con grandes explicaciones. Se aconseja a los usuarios leer el capítulo sobre identificación antes de iniciar la identificación de los pinos ya que esto ayudará en la interpretación correcta de las claves y descripciones.

Los caracteres usados en las descripciones son presentados en una forma ordenada y los estados de carácter mencionados para cada especie están redactados de forma similar. Esto hace una referencia cruzada fácil, y ya que las especies parecidas suelen estar juntas, es especialmente aconsejable comparar algunas descripciones próximas de especies similares. La ilustración muestra buenos ejemplos de los caracteres principales, pero tiene que tomarse en cuenta que muchas especies son variables. Las descripciones e ilustraciones son por lo tanto complementarias. La descripción está restringida a la especie en un sentido estricto (excluyendo subespecies o variedades cuando son reconocidas). Información acerca del hábitat, rango altitudinal y distribución (con un pequeño mapa), pertenece a la especie incluyendo sus subespecies o variedades. Estas últimas son mencionadas en la última sección donde las diferencias "de la especie según su tipo" están indicadas.

Los nombres científicos de las especies (binomiales), están compuestos de un nombre genérico, con la primera letra escrita con mayúscula (*Pinus*) y un epíteto específico, siempre escrito con letra minúscula, ambos en itálicas. Las subespecies y variedades de las especies se denominan con la adición de un epíteto y una indicación abreviada del rango. Los nombres de los autores (validadores) son añadidos para cada taxón en las descripciones, pero no en el texto principal o en las claves. Los nombres científicos están siempre cambiando, debido primero a cambios en la taxonomia, pero en parte también se deben sólo a razones de nomenclatura. Esto último debería conducir a una eventual estabilización. Por esas razones, un número de nombres en esta guía, ya que siguen la última revisión crítica de los pinos de México y América Central, difiere de los utilizados anteriormente por Martínez (1948), y publicaciones subsiguientes, por ejemplo Perry (1991), quien basó su trabajo ampliamente en este último. Para detalles de por que tales nombres tuvieron que ser cambiados es necesario consultar a Farjon & Styles en la Monografía de la Flora Neotropica 75. Los diferentes nombres usados por Martínez y Perry son mencionados como sinónimos, para permitir la referencia cruzada con estos frecuentemente usados libros, así como también otra literatura. Los sinónimos menos usados y "olvidados" han sido omitidos de la guía, pero están enlistados en la monografía.

Los nombres locales o vernáculos están solamente en español. Ellos fueron tomados principalmente de varias obras literarias. La dificultad con la interpretación de estos nombres locales es que pueden referir a más de una especie, o que una especie puede ser conocida por varios nombres en diferentes regiones. Algunas especies no se distinguen y son llamadas simplemente "pino" o un equivalente. Hay indudablemente más nombres para varias especies que nosotros no fuimos capaces de encontrar, y algunas interpretaciones pueden ser incorrectas. Que nosotros sepamos, no se ha intentado ningún trabajo de estandarización. Se aconseja por lo tanto memorizar y referirse a los pinos por su nombre científico preferiblemente. Ya ha escrito mucho de los pinos de México y América Central. Sólo las publicaciones que son de importancia para identificación o asuntos relacionados y son recientes o todavía ampliamente usadas son listadas en la bibliografía. Para una bibliografía más amplia es necesario consultar la monografía, pero esta publicación no cubre los aspectos forestales.

Distribución

Los pinos de México y América Central se encuentran en todas las tierras altas de México, Guatemala, Belice, Honduras, El Salvador y Nicaragua. En el norte de México hay varias especies que atraviesan la frontera con los EE. UU., algunas con su distribución principal en México y otras con su centro de distribución principalmente al norte. Especialmente en Baja California Norte, los pinos que hay ahí representan el límite sur o poblaciones aisladas de distribuciones más amplias en los EE. UU., la mayoría son pinos de California. Todos los pinos de América Central están presentes también en México, aunque algunas especies tienen su principal distribución fuera de México, esos son pinos Mesoamericanos. Varias especies tienen una distribución muy amplia, iniciando desde el norte o centro de México hasta América Central, o a través de grandes regiones de México. Un gran número de especies tiene un rango más restringido, más o menos contiguo o con frecuencia dividido en varias poblaciones disyuntas. Finalmente, hay un número de especies y subespecies con una distribución pequeña, algunas veces limitada a una o a pocas localidades, estas son endémicas locales.

Los pinos se encuentran desde las tierras bajas de la costa bordeando el Mar Caribe hasta el límite de la vegetación arbórea en lo más alto de los volcanes de México, cerca de 4000 m de altitud. Muy pocas especies están restringidas a las tierras bajas: *P. caribaea* var. *hondurensis* en extensas "sabanas de pino" de América Central y *P. muricata* en pocas localidades a lo largo de la costa del Océano Pacífico en Baja California Norte. La gran mayoría de los pinos se encuentran en las montañas o en las altas montañas, mientras que algunas tienen un amplio rango altitudinal y se encuentran desde el pie de las montañas a 3000 m. Especies con un amplio rango altitudinal son también frecuentes y con frecuencia existen a más altitud hacia el noroeste de su distribución. En la tabla 1 los pinos de México y América Central están agrupados de acuerdo a seis regiones y cuatro categorías altitudinales. Una especie puede estar en más de alguna.

Las regiones geográficas son: **I.** Californianas; **II.** Mexicanas del Noroeste; **III.** Mexicanas del Oeste; **IV.** Mexicanas del Noreste y Este; **V.** Mexicanas del Centro y Sur; **VI.** Mesoamericanas.
Las categorías altitudinales son: **1.** Tierras Bajas [1–300(–700) m]; **2.** Al pie de Montañas [(100–)300–1200 m]; **3.** Montano [(700–)1000–2600(–2800) m]; **4.** Alta Montaña [(2000–)2500–4000(–4300) m].

En el capítulo Claves de Campo, una clave separada será presentada para las especies por cada una de las seis regiones geográficas. Esto limitará substancialmente el número de especies que uno tiene que considerar; sin embargo, la posibilidad de que una especie se presente fuera de esa área, de la cual no se puede precisar su límite, no puede ser excluida enteramente. Las seis regiones se indican en el mapa 1.

Identificación

La mayoría de los pinos son a primera vista muy similares y muchos caracteres por los cuales pueden ser distinguidos son extremadamente variables. Esta dificultad hace problemática la identificación segura, especialmente al comienzo. Esto también significa que pocos pinos pueden ser identificados por un simple carácter. Una combinación de caracteres, únicamente sirven juntos para una sola especie, la cual tiene que ser evaluada para identificar con certeza los pinos de México y América Central. Generalmente, son necesarios tanto follaje como conos para reconocer un suficiente número de caracteres, pero los conos (maduros) pueden no estar siempre disponibles. No todos los pinos crecen en todas partes, aunque algunas especies tienen una muy amplia distribución y por eso uno puede ser tentado a considerar la distribución (geográfica y altitudinal) como un "carácter" para identificación. Sin embargo, para algunas especies nuestro conocimiento de su rango puede todavía estar incompleto, o los árboles pueden ser plantados o sembrados fuera de su distribución natural. Aunque nosotros trataremos algunas regiones y sus especies separadamente en esta guía, los caracteres morfológicos deben tener preferencia para propósitos de identificación.

TABLA 1

	I	II	III	IV	V	VI
4		P. cembroides var. bicolor P. flexilis var. reflexa P. strobiformis P. teocote	P. hartwegii P. montezumae P. pseudostrobus + var. apulcensis P. strobiformis P. teocote P. montezumae P. pseudostrobus P. teocote P. strobiformis	P. ayacahuite + var. veitchii P. culminicola P. flexilis var. reflexa P. hartwegii	P. ayacahuite P. hartwegii P. montezumae P. pseudostrobus + var. apulcensis P. teocote	P. ayacahuite P. hartwegii P. montezumae P. pseudostrobus + all varieties
3	P. contorta var. murrayana P. coulteri P. jeffreyi P. lambertiana P. monophylla P. quadrifolia P. radiata var. binata	P. arizonica + var. cooperi P. cembroides P. devoniana P. engelmannii P. leiophylla var. chihuahuana P. leiophylla var. leiophylla P. oocarpa P. teocote	P. cembroides subsp. lagunae P. devoniana P. douglasiana P. durangensis P. herrerae P. jaliscana P. leiophylla var. chihuahuana P. leiophylla var. leiophylla P. maximartinezii P. maximinoi P. montezumae P. oocarpa P. praetermissa P. pseudostrobus + var. apulcensis P. rzedowskii P. teocote	P. arizonica var. stormiae P. cembroides + subsp. orizabensis P. devoniana P. engelmannii P. greggii P. leiophylla var. leiophylla P. montezumae P. nelsonii P. patula + variety P. pinceana P. pseudostrobus P. remota P. teocote	P. cembroides P. devoniana P. douglasiana P. herrerae P. lawsonii P. leiophylla var. leiophylla P. maximinoi P. montezumae + var. gordoniana P. oocarpa + var. P. patula + var. P. pringlei P. pseudostrobus + var. apulcensis P. strobus var. chiapensis P. tecunumanii P. teocote	P. devoniana P. tecunumanii P. maximinoi P. montezumae P. oocarpa P. pseudostrobus + all varieties P. strobus var. chiapensis
2	P. attenuata				P. devoniana P. maximinoi P. oocarpa	P. devoniana P. maximinoi P. oocarpa P. tecunumanii
1	P. muricata					P. caribaea var. hondurensis

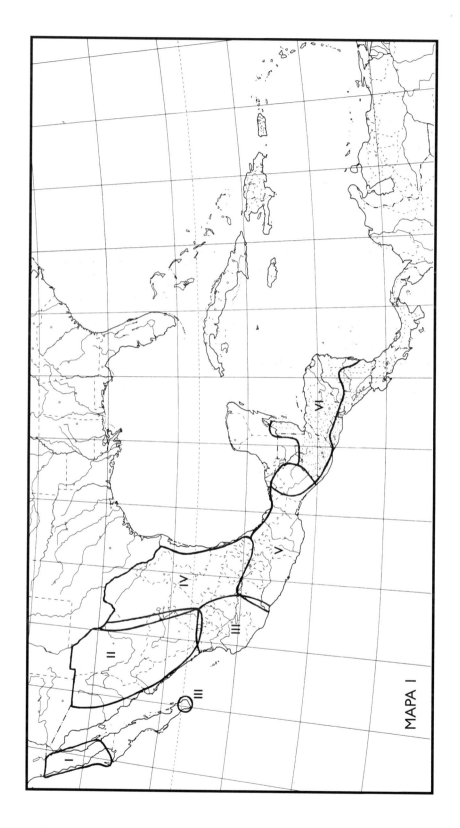

MAPA I

Hay varios métodos disponibles para que el trabajador de campo identifique un árbol. Cada uno de ellos puede por sí solo proporcionar resultados satisfactorios, pero con frecuencia una combinación es recomendable.

1. Colectar material, preferiblemente follaje y conos, y llevarlo a una institución botánica para su identificación. Compararlo con especímenes de herbario identificados y/o que sean examinados por un botánico el cual tiene un conocimiento de los pinos, el cual generalmente identifica las especies.
2. Buscar en las ilustraciones de esta guía hasta encontrar una que se parezca al árbol en cuestión, entonces leemos cuidadosamente la descripción anexa. Generalmente se hace una referencia a una especie relacionada o similar, estas descripciones deben ser comprobadas también.
3. Preguntar el nombre vernáculo a un poblador, buscar este nombre en el guía, luego leer cuidadosamente las descripciones bajo estos nombres. Por pinos, este es el método menos satisfactorio ya que sólo pocas especies son distinguidas por la gente local. Diferentes especies pueden ser llamadas igual, o una especie puede ser conocida con diferentes nombres.
4. Use las claves de identificación (el método botánico, y lo preferido). Como usar las claves será explicado más adelante, es suficiente ver aquí que con alguna práctica le será posible al trabajador de campo identificar cualquier especie de pino que prospere de forma natural en México y América Central. Las claves conducen a una sola especie, pero no obstante las descripciones deberán ser leídas cuidadosamente como una forma de evitar errores hechos cuando se leen las claves.

Cuando se hace una identificación que parece ser inapropiada de acuerdo a la información de su distribución y/o altitud, es deseable después revisar ejemplares de herbario o conocer la opinión de un especialista. Además, deberá ser consultada la monografía sobre los pinos de la Flora Neotropica (Farjon & Styles, 1997), la cual contiene descripciones más detalladas y otras informaciones que constituyen la base de esta guía. Hacer esto es fácil, la numeración de las especies en esta guía es idéntica a la de la monografía. Cuando la identificación parece estar acertada y el árbol se encuentra creciendo de forma silvestre, es posible pensar que una nueva localidad ha sido descubierta. En este caso es deseable depositar por lo menos una muestra en un herbario institucional. Es por medio de estos reportes que los mapas de confianza de distribución de las especies son recopilados, siendo esta información importante a su vez las polizas forestales y de conservación.

Aunque se cuente con todas las características de campo, algunos pinos puede ser imposible identificarlos con seguridad. Teóricamente, existe la posibilidad de descubrir una nueva especie. Sin embargo, la posibilidad de que esto ocurra es cada vez más remota debido al aumento progresivo en las recolecciones por todo México y América Central durante las pasadas décadas. Aunque se han hecho muchos reportes de hibridación entre pinos mexicanos sin que hayan sido verificados, es probable que algunas especies se hibriden. Especialmente árboles F1 pueden combinar caracteres de cualquier padre en una forma no encontrada en ninguna de las especies. Otra característica, posiblemente relacionada, es la naturaleza continuamente cambiante de muchos caracteres, especialmente los de tamaño y número, los cuales se encuentran en especies cercanamente relacionadas. Por esto, pueden surgir dificultades para identificar un árbol inequívocamente. Tradicionalmente, tales especies han sido tratadas en "grupos de especies" o "conjuntos de especies", pero la delimitación de estos grupos parece ser a veces tan problemática como la de las especies que los constituyen. Los caracteres de campo pueden resultar inadecuados para identificar las especies y los métodos de laboratorio pueden ser la única opción que queda a seguir.

Caracteres de identificación

Los caracteres empleados en las claves se encuentran en las descripciones e ilustraciones de las especies. Los más importantes de ellos involucran el follaje (ramillas y acículas) y los conos. Además, son a veces mencionados el hábito de crecimiento y características de la corteza, pero ellos son, con algunas excepciones, de menos confianza. Varios caracteres separan grupos de especies, en vez de especies individuales, más notablemente, la mayoría en los dos subgéneros reconocidos dentro del género. Tales caracteres son importantes y se emplean en las claves para reducir la elección de las especies, pero ellos no se repiten en la descripción de las especies. Si bien la terminología ha sido conservada al mínimo, algunos términos técnicos son necesarios para precisar las descripciones y es necesario aprenderlos. Los términos son explicados en las descripciones de los caracteres y en el glosario.

Hábito de crecimiento, tronco

Con el hábito de crecimiento se quiere decir la apariencia total de la planta. En esta guía sólo se hace una distinción entre arbusto y árbol y no es mencionada la forma de la copa del árbol en muchos casos. Esta se omite debido a que es altamente dependiente de los factores ambientales, incluyendo la proximidad de otros árboles. Un arbusto se define aquí como un pino con la ramificación baja o con muchos tallos, con una altura no más de 5–6 m y la copa generalmente tan amplia como lo que mide de alto. La altura de los árboles está dada como máxima, dentro de un rango de acuerdo al desarrollo en sitios buenos y pobres. De forma similar, sucede con el diámetro a la altura del pecho (d.a.p.) y debe ser leído como un indicador de la medida entre árboles grandes. El tronco es el tallo principal, partiendo del suelo y perdiéndose arriba entre las ramas. Todos los pinos jóvenes y árboles maduros de algunas especies son monopódicos hacia la punta, lo que quiere decir que tienen verticilos de ramas laterales que parten de un tallo principal. Sin embargo, esta regularidad generalmente se pierde en la copa de los árboles más viejos. La forma del tronco está sujeta naturalmente a las condiciones del medio.

Corteza

La corteza de los pinos, cuando se usa en la identificación de las especies, es corteza exterior o el tejido muerto del tronco. La cual se rompe generalmente en pequeñas o largas placas. Cuando las placas se adhieren sujetando las nuevas capas de la corteza, la corteza más externa llega a ser una cubierta gruesa y rígida, y debido a que el tronco continúa incrementando su circumferencia, aparecen fisuras. Placas y fisuras con frecuencia tienen un patrón característico, pero este patrón es variable y raras veces llega a ser único para una sola especie. En pocas especies es bien distinto y puede ser usado para identificar el árbol, en la mayoría de los casos es útil solamente en combinación con otros caracteres. La corteza de los árboles jóvenes y de las ramas es generalmente menos característica, por esto no es utilizada en la guía; la corteza de los grandes troncos, más o menos a la altura del ojo, debería ser usada para comparación.

Ramillas de follaje

El follaje de los pinos, aunque siempre verde, persiste por un tiempo limitado, por lo general solo pocos años. Algunas especies de grandes alturas (subalpinas) retienen sus acículas por más tiempo. La apariencia de las ramillas con acículas presenta además otros caracteres, los cuales se pierden cuando se forma la corteza. En la mayor parte de los pinos aumenta la longitud de los retoños en cada estación, terminando en una "yema de invierno", pero algunas especies pueden tener dos o más períodos de crecimiento en una sola estación, sobre todo en los retoños principales. Esos son llamados multinodales y se pueden reconocer por interrupciones (nudos) en un año de crecimiento. Algunas veces más de un verticilo de conos aparece también. Los retoños jóvenes pueden ser de color verde o café-anaranjado, en algunas especies ellos son claramente glaucos (con un encendido azuloso el que desaparece pronto). Los fascículos de acículas se encuentran en posiciones ligeramente levantadas (bases de los fascículos o pulvínulos), y son largos, decurrentes, formando crestas, o cortos y pequeños. Este carácter divide a los dos grupos principales: subgénero *Pinus* con crestas en los retoños y subgénero *Strobus* sin crestas. Las crestas son más prominentes en los gruesos y vigorosos retoños principales.

Acículas

Los pinos tienen cuatro tipos de hojas (dos tipos en las plantas maduras) pero para esta guía nosotros solo tomamos en cuenta el tipo más conspicuo y distintivo: las acículas. Las acículas de los pinos se desarrollan en fascículos de retoños enanos (no más de unos pocos mm de longitud) y caen envueltas juntas. Los caracteres de la vaina de los fascículos son importantes para identificar preferentemente los grupos, más que las especies individuales, pero en combinación con otras características ellos pueden algunas veces ayudar a identificar especies también. El número de acículas por fascículo es uno de los caracteres más ampliamente citados y usados en los pinos. Sin embargo, con algunas excepciones, este es un carácter variable. El número de acículas varía en el mismo árbol (rama) y algunas veces entre árboles de la misma especie. Es por lo tanto importante contar un número suficiente de fascículos no demasiado viejos en varias ramas de un mismo árbol. El rango está dado cuando ocurre variación en una especie; los números más prevalentes son rodeados por los números encontrados con menos frecuencia, entre paréntesis. Es importante notar que con frecuencia este rango, el cual frecuentemente es parcial, es más significativo que el número promedio entre el mínimo y máximo, como algunas veces se hace. La longitud y ancho de las acículas están dados de la misma forma. La consistencia de las acículas, la cual frecuentemente está en función de la razón longitud/ancho, es importante por el "hábito" del follaje: recto o curveado y rígido (extendido o vertical), son bastante distintos de fláccido o péndulo y laxo, lo cual frecuentemente determina la apariencia de un árbol visto a distancia. Desafortunadamente, hay muchos grados entre los dos extremos y algunas especies pueden ser altamente variables. El color de las acículas, generalmente presentando algún tono de verde, es igualmente variable y se da solamente en esta guía cuando es distinto y constante. Con una lupa de mano (10x), las líneas de estomas pueden ser vistas a lo largo de todas las caras de las acículas o solamente en las dos caras internas. Su número, aunque variable, está hasta cierto punto relacionado con el diámetro de las acículas y por lo tanto no siempre es de confianza. De nuevo, la información de la posición de los estomas es restringida a esas especies donde esto es un carácter informativo. Los márgenes de la mayoría de las acículas de los pinos son finamente aserrados (sierra de dientes), pero algunos son únicamente poco aserrados (con dientes minúsculos y separados) o enteros. Este carácter es mencionado solamente donde ayuda a la identificación de las especies. Finalmente, hay caracteres anatómicos, tales como la posición de los canales resiníferos vistos en sección transversal, que son especialmente diagnósticos en combinación con otros. Sin embargo, para la guía de campo son menos útiles ya que para verlos con claridad es necesaria la ayuda de un microscopio de luz. Esta información se proporciona en algo de detalle en la monografía (Farjon & Styles, 1996) y puede ser necesaria en algunos casos donde se trabaja en el laboratorio con especímenes difíciles.

Conos

Los conos (nosotros sólo consideramos los conos de semillas, no los de polen), quedan como la característica más distintiva para la identificación (y clasificación) de los pinos. En ningún otro género de coníferas son tan diversos como en *Pinus*, aunque en algunas especies hay apenas diferencias. Aunque la presencia de conos no es abundante durante todo el año, por lo general algunos viejos conos persisten o pueden ser encontrados bajo el árbol. En el último caso debe tenerse cuidado de no colectar alguno que pertenezca a otro árbol: donde aparentemente diferentes pinos crecen juntos solamente material adherido al árbol podrá ser usado. Es importante la colocación de los conos en la rama, su posición en la madurez, su persistencia (si son prontamente caedizos después de la dispersión de las semillas con el pedúnculo adherido, o si caen después, dejando algunas escamas en la rama, o no caen nunca), la longitud y forma del pedúnculo o tallo, el tiempo que toma para que las escamas se abran, la forma de los conos cuando están cerrados y cuando abren las escamas y su tamaño. El color es algunas veces distinto, así como la cantidad de resina exudada, pero la mayor parte de los conos son de color café opaco, más oscuro "por dentro" (de las escamas propiamente dicho), que en las apófisis expuestas.

Escamas del cono

El número de escamas del cono es frecuentemente independiente del tamaño del cono y aunque variable está dado en las descripciones. Contando el número de escamas en una espiral de la base hacia el ápice y determinando el número de espirales es por lo general bastante fácil de estimar el número de escamas. Las escamas están adheridas a un eje (por lo general firmemente, pero en algunas especies solo débilmente) y son muy variables en lo delgado o grueso y rígido. En el interior, es posible observar las dos marcas ligeramente coloreadas de las alas de las semillas. En algunas especies, el ala es rudimentaria y las semillas se encuentran empotradas en depresiones en forma de copa. La característica más prominente es la parte apical de la escama, consistiendo en una apófisis y un umbo. La apófisis es la parte engrosada que se encuentra expuesta y es la única parte de la escama visible cuando el cono está totalmente desarrollado pero aún cerrado. El umbo es una porción más pequeña, en posición central o terminal, que representa el crecimiento inicial del desarrollo de los conos de los pinos, el cual consiste de dos fases (raro tres fases). Es la apófisis la más variable dentro o entre las especies. Lisa, levantada o hasta piramidal, cónica o curvada, con frecuencia transversalmente aquillada y variable en diferentes partes del cono, con frecuencia con el desarrollo más fuerte en un lado, las apófisis juntas determinan muchos de los rasgos característicos del cono. El umbo, terminal en algunas especies pero principalmente dorsal (en el centro de una quilla transversal o de crestas a través de la apófisis), termina en una pequeña espina o púa, la cual en la mayoría de las especies desaparece con la maduración del cono pero en algunas especies, donde la espina es más grande, persiste.

Semillas

En cada escama del cono, se desarrollan dos semillas. El ala de la semilla se desarrolla del tejido dentro de la escama del cono (o se queda rudimentaria) y es variable su adherencia a la semilla. Cuando el ala es fácilmente removida (solamente agarrada a la semilla por dos apéndices), es articulada; cuando está firmemente adherida y por lo general se parte, entonces es adnada. Las semillas ápteras no retienen ninguna parte del ala (que es rudimentaria) y aunque fácilmente removidas, no caen de la escama porque están empotradas en una depresión en forma de copa. Los tamaños de las semillas y de las alas están generalmente correlacionados con el tamaño de las escamas (y conos), pero las semillas sin alas son relativamente grandes en comparación con el tamaño de las escamas. En algunos casos la longitud relativa del ala de la semilla es un carácter importante. Todas las semillas aladas son ligeramente aplanadas. Los colores de las semillas y de las alas varían, por lo general las semillas son de color más obscuro que las alas y a menudo se presentan puntos obscuros en las semillas y rayas obscuras en las alas. En las semillas sin alas, hay diferencias en el grosor de la cubierta de la semilla (integumento), las cuales pueden ser importantes para la identificación de las especies.

Categorías de los caracteres

Ciertas categorías de caracteres distinguen a un limitado número de especies; puede ser útil comprobar si el árbol que se está revisando tiene caracteres en una o más de estas categorías para o limitar el número de posibilidades o identificar el árbol. Especies que tienen tales caracteres menos comunes son enlistadas bajo cada categoría, con una corta descripción del carácter encontrado en cada especie.

1. Número de acículas por fascículo

1.1 Una (raro dos) acículas por fascículo

46. *Pinus monophylla* Acículas en fascículos de 1, raro 2, curvadas, de (2–)2,5–6 cm de longitud y 1,2–2,2(2,5) mm de ancho, redondas, agudas, con frecuencia glaucas. Península de Baja California.

1.2 Dos acículas por fascículo

3. *Pinus contorta* var. *murrayana* Acículas en fascículos de 2, de 4–7 cm de longitud y 1,2–2,0 mm de ancho, con los márgenes enteros o débilmente aserrados. Península de Baja California.

29. *Pinus muricata* Acículas en fascículos de 2, de (7–)10–14(–16) cm de longitud y 1,3–2,0 mm de ancho, márgenes aserrados. Península de Baja California.

30. *Pinus radiata* var. *binata* Acículas en fascículos de 2, algunas veces 3 en los primeros retoños, de 8–15 cm de longitud y 1,1–1,6 mm de ancho, márgenes aserrados. Islas de Baja California.

1.3 Dos o/y tres acículas por fascículo

43a1. *Pinus cembroides* var. *cembroides* Acículas en fascículos de 2–3, de (2–)3–5(–6,5) cm de longitud y (0,6–)0,7–1,0 mm de ancho, estomas en todas las caras, márgenes enteros. Vainos de los fascículos enroscándose en forma de roseta, deciduas.

9. *Pinus ponderosa*	Acículas en fascículos de (2–)3, de (10–)15–25 (–27) cm de longitud y 1,3–1,6 mm de ancho, márgenes aserrados. Vaina de los fascículos persistentes.
45. *Pinus remota*	Acículas en fascículos de 2(–3), de (2–)3–4,5 (–5,5) cm de longitud y 0,8–1,1 mm de ancho, estomas en todas las caras, márgenes enteros. Vainas de los fascículos pronto deciduas, no recurvándose en forma de roseta.

1.4 Tres acículas por fascículo

31. *Pinus attenuata*	Acículas en fascículos de 3, raro 2, de (8–)10–12(–14) cm de longitud y 1,0–1,5 mm de ancho, rígidas, extendidas. Península de Baja California.
33. *Pinus coulteri*	Acículas en fascículos de 3, de 15–25(–30) cm de longitud y 1,9–2,2 mm de ancho, muy gruesas y rígidas, extendidas. Retoños multinodales, gruesos. Península de Baja California.
32. *Pinus greggii*	Acículas en fascículos de 3, de (7–)9–13(–15) cm de longitud y 1,0–1,2 mm de ancho, rígidas y extendidas.
4. *Pinus herrerae*	Acículas en fascículos de 3, de (10–)15–20 cm de longitud y 0,7–0,9 mm de ancho, delgadas, laxas, fláccidas o extendidas.
11. *Pinus jeffreyi*	Acículas en fascículos de 3, raro 2, de (12–)15–22(–25) cm de longitud y 1,5–1,9(–2) mm de ancho, gruesas, rígidas y extendidas. Retoños uninodales, delgados. Península de Baja California.
19. *Pinus lumholtzii*	Acículas en fascículos de 3, raro 2 ó 4, de (15–)20–30(–40+) cm de longitud y (1–)1,2–1,5 mm de ancho, laxas y péndulas. Vainas de los fascículos deciduas.
41. *Pinus nelsonii*	Acículas en fascículos de 3, raro 4, de 4–4,8(–10) cm de longitud y 0,7–0,8 mm de ancho, conadas (aparentando ser una), márgenes aserrados, extendidas.
20b. *Pinus oocarpa* var. *trifoliata*	Acículas en fascículos de 3, raro 4, de (11–)14–17(–20?) cm de longitud y 1,2–1,6 mm de ancho, rectas, rígidas y extendidas.
42. *Pinus pinceana*	Acículas en fascículos de 3, raro 4, de 5–12(–14) cm de longitud y 0,8–1,2 mm de ancho, márgenes enteros, extendidas. Vainas de los fascículos deciduas.

1.5 Tres o/y cuatro acículas por fascículo

10c. *Pinus arizonica* var. *stormiae* — Acículas en fascículos de 3–4, raro 5, de 14–25 cm de longitud y 1,4–1,8 mm de ancho, rígidas, por lo general curvadas y torcidas, extendidas. Noreste de México.

5c. *Pinus caribaea* var. *hondurensis* — Acículas en fascículos de 3, raro 2, 4, muy raro 5, de (12–)16–28 cm de longitud y (1,2–)1,4–1,8 mm de ancho, rectas y extendidas. América Central.

43c. *Pinus cembroides* var. *orizabensis* — Acículas en fascículos de 3–4, raro 2 ó 5, de (2–)3–5(–6) cm de longitud y 0,7–1,1 mm de ancho. Vainas de los fascículos recurvándose y caedizas.

12. *Pinus engelmannii* — Acículas en fascículos de (2–)3(–4), raro 5, de (18–)20–35 cm de longitud y 1,5–2 mm de ancho, muy gruesas, rígidas y extendidas.

1b. *Pinus leiophylla* var. *chihuahuana* — Acículas en fascículos de (2–)3(–4), raro 5, de (4–)6–12(–14) cm de longitud y 0,9–1,3(–1,5) mm de ancho, rígidas y extendidas. Vainas de los fascículos deciduas.

27. *Pinus pringlei* — Acículas en fascículos de 3(–4), de (15–)18–25 (–30) cm de longitud y 1–1,5(–1,7) mm de ancho, rígidas, rectas y extendidas. Sur de México.

1.6 Cinco acículas por fascículo, vaina persistente

16. *Pinus devoniana* — Acículas en fascículos de 5, raro 4 ó 6, de (17–)25–40(–45) cm de longitud y 1,1–1,6 mm de ancho, delgadas y extendidas. Vainas de los fascículos muy largas, de hasta 40 mm, con frecuencia resinosas.

17. *Pinus douglasiana* — Acículas en fascículos de 5, raro 4 ó 6, de 22–35 cm de longitud y 0,7–1,2 mm de ancho, laxas y fláccidas.

18. *Pinus maximinoi* — Acículas en fascículos de 5, raro 4 ó 6, de 20–35 cm de longitud y 0,6–1,0(–1,1) mm de ancho, muy delgadas, laxas, fláccidas o péndulas.

14. *Pinus pseudostrobus* — Acículas en fascículos de 5, raro 4 ó 6, de (18–)20–30(–35) cm de longitud y 0,8–1,3 mm de ancho, delgadas, laxas, extendidas, fláccidas o péndulas.

1.7 Cinco acículas por fascículo, vaina decidua

34. *Pinus ayacahuite* — Acículas en fascículos de 5, muy raro 6, de (8–)10–15(–18) cm de longitud y 0,7–1,0 mm de ancho, márgenes (débilmente) aserrados, estomas sólo en las dos caras internas. Centro de México hasta América Central.

44. *Pinus culminicola*	Acículas en fascículos de 5, muy raro 4 ó 6, de 3–5 cm de longitud y 0,9–1,3 mm de ancho, márgenes muy débilmente aserrados o enteros, estomas sólo en las dos caras internas. Las vainas de los fascículos se recurvan antes de caer. Noreste de México.
36. *Pinus flexilis* var. *reflexa*	Acículas en fascículos de 5, (5–)6–9 cm de longitud y 0,8–1,2 mm de ancho, márgenes muy débilmente aserrados o enteros, estomas principalmente en las dos caras internas, sólo unos pocos en la cara externa.
35. *Pinus lambertiana*	Acículas en fascículos de 5, de (3,5–)4–8(–10) cm de longitud y 0,8–1,5 mm de ancho, márgenes con escasos dientes o casi enteros, estomas en todas las caras. Península de Baja California.
40. *Pinus maximartinezii*	Acículas en fascículos de 5, muy raro 3 ó 4, de 7–11(–13) cm de longitud y 0,5–0,7 mm de ancho, con los márgenes enteros, estomas sólo en las dos caras internas. Las vainas de los fascículos se recurvan. México: Zacatecas.
37. *Pinus strobiformis*	Acículas en fascículos de 5, muy raro 6, de (5–)7–11(–12) cm de longitud y (0,6)0,8–1,1 (–1,2) mm de ancho, márgenes escasamente aserrados o casi enteros, estomas por lo general sólo en las dos caras internas. Norte de México.
38. *Pinus strobus* var. *chiapensis*	Acículas en fascículos de 5, de (5–)6–12(–13) cm de longitud y 0,6–0,8(–1,0) mm de ancho, márgenes escasamente aserrados, estomas sólo en las dos caras internas. Sur de México, oeste de Guatemala.

Todos los demás pinos de México y América Central tienen tal variación en el número de acículas, que no pueden ser asignados a ninguna de estas categorías con confianza. Esto no significa que algunos árboles no puedan tener un número bastante constante de acículas (como es regularmente el caso del *Pinus montezumae* que tiene predominantemente 5 acículas), pero otros árboles de la misma especie pueden tener más variabilidad.

2. Longitud máxima y mínima de los conos maduros

2.1 Conos cortos menores de 6 cm.

43. *Pinus cembroides*
Conos de (2–)3–5(–7,5) × 3–6(–7) cm cuando abren; con 25–40(–50) escamas, teniendo profundas depresiones que contienen grandes semillas sin ala. Acículas en fascículos de (2–)3–4, raro 5.

3. *Pinus contorta* var. *murrayana*
Conos de (3–)4–5,5 × 3–4 cm cuando abren; umbos de las escamas con una espina prominente y persistente. Acículas en fascículos de 2.

44. *Pinus culminicola*
Conos de 3–4,5 × 3–5 cm cuando abren, con 45–60 escamas, con profundas depresiones, que contienen semillas grandes sin alas. Acículas en fascículos de 5, muy raro 4 ó 6.

4. *Pinus herrerae*
Conos de (2–)3–3,5(–4) × 2–3,5 cm cuando abren; umbos con una espina pequeña y caediza. Acículas en fascículos de 3.

19. *Pinus lumholtzii*
Conos de (3–)3,5–5,5(–7) × (2,5)3–4,5 cm cuando abren; umbos lisos con una espina pequeña y caediza. Acículas en fascículos de 3, raro 2 ó 4, péndulas; vainas de los fascículos largas y caedizas.

46. *Pinus monophylla*
Conos de 4–6 × 4,5–7 cm cuando abren; con 30–50 escamas, con profundas depresiones, que contienen semillas grandes sin alas. Acículas en fascículos de 1, raro 2. Península de Baja California.

21. *Pinus praetermissa*
Conos de (4–)5–6,5(7) × (5–)6–8 cm cuando abren, ampliamente ovoides y lisos cuando están cerrados; las escamas de la base con frecuencia caen antes que el cono. Pedúnculo delgado.

47. *Pinus quadrifolia*
Conos de 4–6 × 4,5–7 cm cuando abren; con 30–50 escamas, con profundas depresiones, que contienen semillas grandes sin alas. Acículas en fascículos de (3–)4(–5), raro 2 ó 6. Península de Baja California.

45. *Pinus remota*
Conos de (2–)2,5–4 × 3–6 cm cuando abren; con 25–35 escamas, con profundas depresiones, que contienen semillas grandes sin alas y con una cubierta muy delgada (integumento). Acículas en fascículos de 2(–3). Noreste de México.

24. *Pinus tecunumanii*
Conos de (3,5–)4–7(–7,5) × (3–)3,5–6 cm cuando abren, de ovoides hasta ampliamente ovoides cuando están cerrados; escamas persistentes. Pedúnculos sólidos, fuertemente curvados.

28. *Pinus teocote* Conos de (3–)4–6(–7) × 2,5–5 cm cuando abren, de ovoides hasta ovoide-oblongos cuando están cerrados; escamas con el umbo liso. Pedúnculo muy corto.

Algunas otras especies pueden tener conos cortos hasta menores de 6 cm (notablemente *Pinus oocarpa*), pero la variación es considerable y hay muchos árboles con los conos más largos. *Pinus tecunumanii* es también variable pero se enlista aquí porque muchos árboles tienen los conos menores de 6 cm.

2.2 Conos largos de más de 15 cm.

34. *Pinus ayacahuite* Conos de (10–)15–40(–50) × 7–15 cm cuando abren; escamas delgadas, flexibles, generalmente recurvadas o reflejadas, con umbos terminales. Semillas con alas más largas que las semillas (es posible observar las marcas de las alas en las escamas del cono).

33. *Pinus coulteri* Conos de 20–35 × 15–20 cm cuando abren, muy pesados, con apófisis y umbos muy grandes y curvados. Península de Baja California.

16. *Pinus devoniana* Conos de 15–35 × 8–15 cm cuando abren; escamas gruesas, umbos dorsales en la quilla transversal de la apófisis.

35. *Pinus lambertiana* Conos de 25–45 × 8–14 cm cuando abren; escamas gruesas, casi rectas, con los umbos terminales. Península de Baja California.

40. *Pinus maximartinezii* Conos de (15–)17–25(–27) × 10–15 cm, muy pesados; escamas gruesas con profundas depresiones, que contienen semillas grandes sin alas y con apófisis y umbos dorsales muy gruesos. Zacatecas.

37. *Pinus strobiformis* Conos de 12–30(–60) × 7–11 cm cuando abren; escamas delgadas pero rígidas, por lo general (fuertemente) recurvadas, con umbos terminales. Las semillas con alas más cortas que las semillas (la marca del ala de la semilla se puede observar en las escamas del cono).

Hay algunos pinos con los conos ocasionalmente de más de 15 cm de largo (pero con pocos cm de más), pero la gran mayoría de estas especies tienen los conos más cortos. El objeto de enlistar en tamaños del cono es separar las especies con pequeños y largos conos para facilitar la identificación. Es aconsejable revisar las descripción completa al elegir una de las especies de esta lista antes de hacer la identificación definitiva.

Glosario

Se proporcionan las siguientes definiciones cortas de términos botánicos usados en esta guía. Las definiciones que se dan aquí son únicamente válidas en el contexto de esta guía (como pertinente para pinos) y podrían diferir de una más general utilizada en otra parte. Se supone que un conocimiento básico de botánica está presente, ya que sólo los términos técnicos más específicos son explicados aquí. Las ilustraciones se presentan para ayudar a identificar las estructuras a que se refieren varios términos. La terminología que se refiere a las características microscópicas internas de las acículas ha sido omitida; para esta la monografía (Farjon & Styles, 1997) puede ser consultada.

TÉRMINO	DEFINICIÓN
abaxial	Situado hacia el lado opuesto al eje (yema), en las acículas de los pinos es el lado exterior cuando todas las acículas de un fascículo se juntan.
adaxial	Situado hacia el lado interno, cerca del eje (yema), en las acículas de los pinos es el lado interior donde hace contacto con las demás acículas, cuando todas las acículas de un fascículo se juntan.
adnado	Con una conexión firme entre la semilla y el ala de la semilla; el ala se rompe cuando se intenta separarla de la semilla (ver Fig. 2J).
amfistomático	Con estomas situados en todas las caras de la acícula, aunque con frecuencia hay más estomas en una (o dos adyacentes) cara(s).
apófisis	Es la parte expuesta de las escamas de los conos cuando están totalmente desarrollados pero todavía cerrados; es por lo general más gruesa y dura que la parte baja de la escama (ver Fig. 2C–D).
articulado	Con una conexión floja (articulada) entre la semilla y el ala de la semilla; el ala puede ser desprendida de la semilla con facilidad o caer por ella misma (ver Fig. 2K).
atenuado	Con una forma que se va estrechando, hasta terminar en una punta.
catafilo	Pequeño, no verde, delgada hoja parecida a una escama, en la base de un fascículo; en algunas especies los catafilos persisten más que las acículas, en otras caen más pronto (ver Figs. 1C, 1F).
conado	Con una conexión firme entre dos órganos similares (por ejemplo acículas, comparado con adnado) los cuales mantienen su morfología y fisiología independientes.
deciduo	Describe cualquier órgano que es mudado (por ejemplo acículas, conos) a intervalos o de forma más o menos continua.

decurrente	Describe cualquier estructura (base del fascículo) que desaparece de forma gradual a lo largo de la ramilla a la cual se encuentra firmemente adherida. Las bases de los fascículos forman crestas en la ramilla (ver Fig. 1A).
distal	Colocado en el extremo o en la punta.
epiestomático	Con todas los estomas ubicados en la cara(s) adaxial(es) de las acículas.
"estado de pasto"	Es un estado de desarrollo de las plántulas en el cual los tallos no crecen y solamente aumentan el sistema radicular y las acículas; lo que hace que las plántulas parezcan un mechón de pasto en el suelo.
fascículo	Conjunto de acículas, variando en número de (1–)2–5(–8), el cual se desarrolla a partir de una rama enana (braquiblasto) y por lo general cae en su totalidad (ver Fig. 1G).
mucronado	Terminando abruptamente con una pequeña espina en el ápice.
multinodal	Una ramilla es multinodal cuando produce más de un nudo de crecimiento al año, cada uno terminando en un verticilo de ramas o a veces conos. Un año de crecimiento puede ser más difícil de distinguir especialmente en las ramas principales, pero por lo general es posible determinarlo.
pedúnculo	El tallo del cono (pedunculado = con tallo).
proximal	Colocado en la base o la parte inferior.
pubescente	Cubierto (densamente) con pelos cortos.
pulvínulo	La elevación de la base de las escamas (catafilos), la cual puede ser decurrente o no decurrente (ver Fig. 1A–B).
serotino	Describe conos que duran cerrados por tiempo considerable o que requieren el calor del fuego para abrir (orig. Latín = llegar tarde).
serrulado (aserrado)	Finamente serrado = márgenes con pequeños dientes en forma de sierra puntiaguda, orientados hacia adelante. Los dientes pueden estar distantes (unos pocos por mm o menos) o densos (ver Fig. 1I–K). Si están ausentes, los márgenes pueden ser descritos como enteros.
umbo	(orig. Latín = el ombligo de un escudo); en los conos de los pinos es una prominencia en la apófisis y representa la parte expuesta de la escama en la fase inicial del crecimiento. Puede ser opuso o armado con una punta o espina (ver Fig. 2D). Su posición es terminal (en la verdadera punta de la apófisis) o dorsal ("en el dorso").
uninodal	Una ramilla es uninodal cuando produce un solo nudo de crecimiento por año, terminando en un verticilo de "yemas de invierno", las cuales contienen los inicios del desarrollo del próximo año.
vaina	Conjunto de escamas delgadas que rodean la parte basal del fascículo, las cuales pueden parecer una apretada y persistente envoltura o disgregarse cuando las acículas están totalmente desarrolladas (ver Fig. 1H).

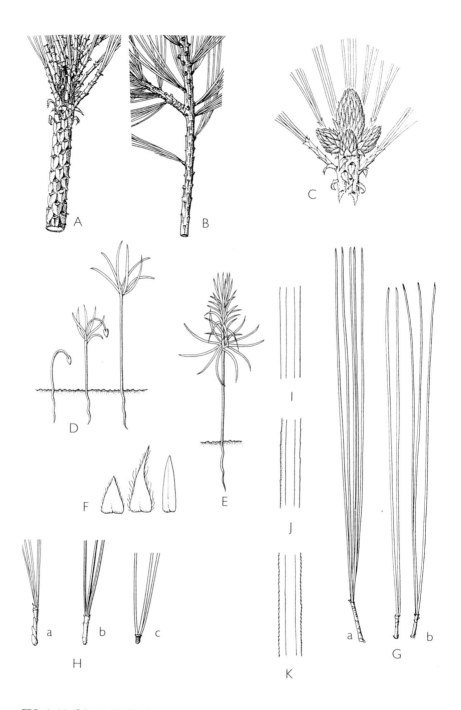

FIG. 1. Morfología del follaje en *Pinus*. **A.** ramilla con las bases de las hojas (fascículas) decurrentes, **B.** ramilla con las bases de las hojas no decurrentes, **C.** complejo "yema de invierno", con yemas terminales y subterminales, **D.** plántula con cotiledones, **E.** plántula con hojas primarias, **F.** tipos de catafilos, **G.** acículas en fascículos, **H.** vainas, **I.** hojas con márgenes enteros, **J.** hojas con los márgenes escasamente serrados, **K.** hojas con los márgenes serrados.

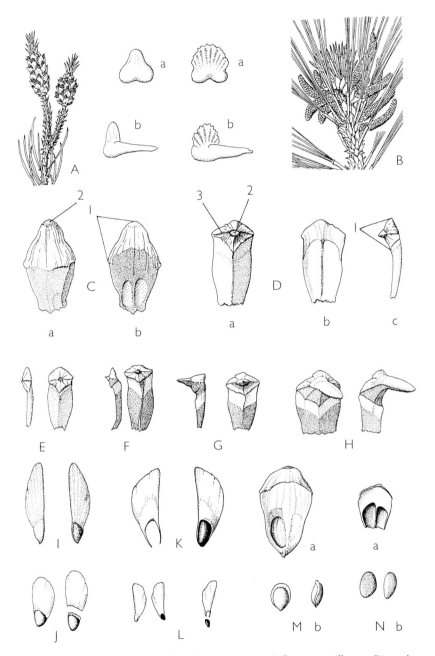

FIG. 2. Morfología de los conos de polen, escamas seminíferas y semillas en *Pinus*. **A.** conos de polen; tipo microsporófila de *P.* subgénero *Strobus*, a = vista abaxial, b = vista lateral, **B.** microsporófila de *P.* subgénero *Pinus*, **C.** tipo de escama seminífera con el umbo terminal, a = vista abaxial, b = vista adaxial, 1 = apófisis, 2 = umbo terminal, **D.** tipo de escama seminífera con el umbo dorsal, c = vista lateral, 2 = umbo dorsal, 3 = quilla transversal, **E–H.** desarrollo aumentado de la apófisis y el umbo en las escamas seminíferas, **I–J.** semillas con alas adnadas, efectivas, **K–L.** semillas con alas articuladas, efectivas, **M.** semillas con alas adnadas, inefectivas, a = escama seminífera con la cavidad de la semilla (una semilla abortada), b = semillas, **N.** semillas (b) con ala articulada vestigial quedando en la escama (a).

vestigial	Reducido a un resto, por lo general incapaz de llevar a cabo las funciones de un órgano totalmente desarrollado (por ejemplo el ala de la semilla; también: rudimentaria).
yema de invierno	Yema vegetativa terminal o subterminal que contiene nuevos fascículos de acículas y el ápice de la yema; está cubierta por escamas, las cuales quedan en la base de los fascículos en muchas especies (ver Fig. 1C).

Claves de Campo

Como usar una clave

Una clave es un método mediante el cual es posible identificar una planta (o cualquier objeto), leyendo breves descripciones y escogiendo entre alternativas. Hay varios tipos de claves, pero las que se usan más comúnmente en Botánica son las claves dicotómicas. En este tipo de clave, cada enunciado está en oposición, o por lo menos parcialmente, con otro y debe elegirse entre uno de los dos enunciados pareados antes de continuar. Los enunciados pareados pueden ser numerados para hacer más fácil la referencia y la clave puede ser indentada para proveer una ayuda visual en el reconocimiento de los enunciados pareados. El siguiente ejemplo puede ilustrar este principio:

Ejemplo de clave con cuatro plantas

1. Planta con los tallos carnosos y sin hojas, generalmente con espinas concentradas en puntos específicos, los cuales están diseminados por todas partes · **Cactus**
1. Planta sin tallos carnosos ni espinas y por lo menos estacionalmente con hojas
   2. Planta con tallos gruesos leñosos
      3. Planta siempre verde, con largas y delgadas acículas, y con conos leñosos que contienen las semillas · · · · · · · · · · · · · · · · · **Pino**
      3. Planta generalmente decidua, con hojas anchas y lisas, fruto una bellota · **Encino**
   2. Planta con el tallo delgado herbáceo dividido por nudos, hojas lineares, con una vaina basal que rodea el tallo · · · · · · · · · · · **Pasto**

Se puede apreciar que en el primer enunciado pareado, hay tres caracteres: tallos carnosos, hojas y espinas. Exactamente como se aplican, o no, a la planta en cuestión, define su estado de carácter: tallos carnosos, hojas y espinas están presentes o ausentes y las espinas, si están presentes, estarán concentradas en puntos específicos y estos dispersos por todas las partes de las plantas. La combinación de estos estados de carácter determina si nuestra planta es un cactus o no: cada carácter por sí mismo no es suficiente. Puede haber otras plantas con tallos carnosos, sin hojas o con espinas, pero sólo un cactus combina los tres estados de carácter.

El enunciado opuesto en el par No. 1, si es verdad, define cualquier planta que no sea un cactus. Si nuestra planta no es un cactus, necesitamos leer el par No. 2 y hacer una selección. Note que los dos enunciados de este par están un poco separados, esto se debe a que más de una posibilidad es la adecuada para este enunciado. Si eso es cierto, hay que seguir con el par No. 3, y así sucesivamente, hasta que se averigüe el nombre correcto de la planta.

En las claves más complicadas que se siguen de pinos, será encontrado que los enunciados frecuentemente admiten un poco de variación y hacen que no siempre sea fácil decidir. Una de estados de carácter, es por lo tanto usada para alcanzar mayor certidumbre. Con frecuencia, se puede, o hasta se debe, esperar que la variacion en tamaño contemplada en la clave ocurra en un solo árbol o por lo menos en pocos árboles de la misma especie que crecen juntos. Por lo tanto es importante buscar esta variación en el campo. También puede ocurrir, que una característica mencionada en la clave no está presente en el tiempo (por ejemplo, los conos). Entonces es cuando frecuentemente se presenta la posibilidad de probar cada una de las dos opciones: generalmente será evidente luego cuál de las dos opciones es la incorrecta. En ese caso (o siempre que hay dudas) vuelva al último par donde se pudo hacer una cierta selección y pruebe la otra opción. Para añadir más certeza, algunas veces se dice la posición de los canales resiníferos en las acículas, se agrega la observación (necesario microscopio) ya que esto no puede ser observado en el campo y requiere la presencia de secciones transversales y un microscopio de luz 50x (50 aumentos).

Debido a que muchas veces los pinos de México y Centroamérica son bastante similares, es muy difícil incluirlos a todos en una sola clave usando únicamente pocos caracteres que se pueden observar fácilmente en el campo. Por esta razón, se construyen grupos de claves, tratando en cada uno un limitado número de especies. Los grupos son definidos geográficamente distinguiendo seis regiones (ver capítulo de distribución), cada grupo consistiendo en los pinos que ocurren en esa región. Grupos adicionales tratan de los pinos que comparten cierto carácter o combinación de caracteres excluidos de otros pinos. Ambos grupos son artificiales, pero el segundo tipo tiende a agrupar más frecuentemente especies relacionadas.

El procedimiento para usar esta guía de campo es el siguiente:
1) Comenzar con la clave de grupos morfológicos o con la clave del grupo geográfico apropiado.
2) Decidir qué enunciado del primer par es más correcto.
3) Si el enunciado correcto termina:
   a) con un número de grupo, entonces continue con la clave de este grupo;
   b) con el nombre de una especie, entonces este nombre corresponde a la planta a identificar (se recomienda leer la descripción y comparar la ilustración para confirmar la identificación).
4) Si el primer enunciado no es correcto, proceder con la alternativa bajo el mismo número de par.
5) Repita el procedimiento en la clave del grupo.

CLAVE PARA LAS REGIONES I–VI

Clave para las especies en Baja California Norte (insular) (I)

1. Fascículos con 5 acículas; vainas de los fascículos deciduas; conos mayores o iguales a 25 cm de longitud, péndulos; umbo de las escamas terminal (Fig. 2C) · **35.** *P. lambertiana*
1. Fascículos con 1–4 acículas, raro 5; vainas de los fascículos persistentes o retorcidas y deciduas; conos pequeños o grandes, sin péndulos; umbo de la escama dorsal (Fig. 2D)
   2. Vaina de los fascículos persistente
      3. Fascículos con 2 acículas (contar 15–20 fascículos, sobre todo en la ramilla dominante)
         4. Acículas con 4–7 cm de longitud, persistiendo 5–8 años; conos abriéndose gradualmente, de (3–)4–5,5 cm de longitud
           · **3.** *P. contorta* var. *murrayana*
         4. Acículas de (7–)10–14(–16) cm de longitud, persistiendo de 2–3 años; conos serotinos de 5–7(–8) cm de longitud
           · · · · · · · · · · · · · · · · · · · **29.** *P. muricata* var. *muricata*
      3. Fascículos con 2–3 acículas
         5. Conos generalmente en verticilos de 2–5, serotinos, permaneciendo cerrados por muchos años, de (5–)8–15 cm de longitud
           6. Yemas vegetativas resinosas; fascículos con 3 acículas, raro 2; conos atenuados · · · · · · · · · · · · · · · · · · **31.** *P. attenuata*
           6. Yemas vegetativas sin resina; fascículos con 2 acículas, algunas veces 3 en ramillas dominantes; conos ovoides u oblicuamente ovoides · · · · · · · · · **30.** *P. radiata* var. *binata*
         5. Conos solitarios o en pares, raro en verticilos de más de dos, abriéndose gradualmente o pronto después de la madurez, de 12–35 cm de longitud.
           7. Conos muy grandes y pesados, de 20–35 cm de longitud; escamas con apófisis y umbos muy fuertemente desarrollados, muy resinosos · **33.** *P. coulteri*
           7. Conos más pequeños, más ligeros, de 12–17 cm de longitud; escamas con apófisis y umbos un poco levantados, sin resina
           · **11.** *P. jeffreyi*
   2. Fascículos con vainas deciduas
      8. Fascículos con 1 acícula, raro 2 · · · · · · · · · · · **46.** *P. monophylla*
      8. Fascículos con 3–5 acículas, generalmente 4 · · · **47.** *P. quadrifolia*

Clave para las especies del noroeste de México (II)
(Sonora, Chihuahua, Sinaloa, Durango, Zacatecas)

1. Bases de los catafilos (escamas de la vaina), no decurrentes (Fig. 1B); acículas con un solo haz vascular y canales resiníferos externos (¡necesario microscopio!); vaina del fascículo decidua

2. Fascículos con 2–3 acículas, raro 4 ó 5; conos pequeños (3–5 cm), no más largos que anchos cuando abren; semillas sin ala cuando se desprenden de la escama ·················· **43.** *P. cembroides*
2. Fascículos con 5 acículas; conos con 10 cm de longitud o más; semillas con una ala corta (a veces vestigial)
   3. Yemas vegetativas resinosas; vainas de los fascículos de menos de 15 mm de longitud; conos de 10–15 cm de longitud
   ·························· **36.** *P. flexilis* var. *reflexa*
   3. Yemas vegetativas sin resina; vainas de los fascículos de 20–25 mm de longitud; conos de 12–30 cm de longitud o más
   ····························· **37.** *P. strobiformis*
1. Bases de los catafilos (escamas de la vaina) decurrentes (Fig. 1A); acículas con dos haces vasculares y con canales resiníferos en varias posiciones (¡necesario microscopio!); vaina del fascículo persistente o decidua
   4. Vaina de los fascículos decidua ················ **1.** *P. leiophylla*
   4. Vaina de los fascículos persistente
      5. Conos persistentes, semi-serotinos, ovoides a globosos cuando están cerrados; acículas con canales resiníferos principalmente septales (¡necesario microscopio!) ············ **20.** *P. oocarpa*
      5. Conos caedizos, por lo menos después de unos pocos años, abriendo cuando maduran, oblicuamente ovoides a oblongos cuando están cerrados; acículas con canales resiníferos medios (¡necesario microscopio!)
         6. Conos oblicuamente ovoide-oblongos a atenuados, con frecuencia curvados, de 15–35 cm de longitud; fascículos con 5 acículas, raro 4 ó 6 (contar de 14–20 fascículos)
         ··························· **16.** *P. devoniana*
         6. Conos ovoides o oblicuamente ovoides, menos de 15 cm de longitud; fascículos con 3–5 acículas, raro 2
            7. Pedúnculo deciduo con el cono, el cual cae entero
            ························· **28.** *P. teocote*
            7. Pedúnculo persistente; el cono deja algunas de las escamas basales en la rama cuando cae
               8. Conos de 5–10(12) cm de longitud; apófisis de las escamas moderadamente levantadas (menos de la mitad de alto que de ancho); acículas raramente de más de 20 cm de longitud ····················· **10.** *P. arizonica*
               8. Conos de 8–15 cm de longitud, apófisis fuertemente levantadas (más de la mitad de alto que de ancho); acículas de (18–)20–35 cm de longitud ······· **12.** *P. engelmannii*

Clave para las especies en el oeste de México (III)

(Baja California Sur, Nayarit, Sur de Zacatecas, Aguascalientes, Jalisco, Colima y Michoacán)

1. Vainas de los fascículos deciduas
   2. Escamas de los conos ≤ 60, muy ampliamente extendidas y muy flexibles; conos no más largos que anchos ······ **43.** *P. cembroides*

2. Escamas de los conos ≥ 60, poco flexibles o por lo menos rígidas; conos más largos que anchos

   3. Acículas epistomáticas, raras veces con unos pocos estomas en la cara abaxial; un haz vascular en la ascícula

      4. Escamas de las vainas de los fascículos separadas, cayendo individualmente; conos cilíndricos, de 12–30 (–60) cm de longitud; apófisis de las escamas, por lo menos las basales, recurvadas o reflejadas · · · · · · · · · · · · · · **37.** *P. strobiformis*

      4. Escamas de las vainas de los fascículos basalmente conadas, recurvándose y formando una escarapela antes de caer; conos no cilíndricos; apófisis no curvadas o reflejadas

         5. Fascículos con (3–)4–5 acículas; conos de 10–15 cm de longitud, con escamas delgadas, lignificadas pero capaces de doblarse; semillas pequeñas de alrededor de 8 mm de longitud, aladas · · · · · · · · · · · · · · · · · **39.** *P. rzedowskii*

         5. Fascículos con 5 acículas, raro con 3–4; conos de (15–)17–25(–27) cm de longitud, con escamas gruesas e inflexibles; semillas de 20–28 mm de longitud, sin alas
· **40.** *P. maximartinezii*

   3. Acículas amfistomáticas; con dos haces vasculares en la ascícula

      6. Acículas de (4–)6–15(–17) cm de longitud, extendidas; escamas seminíferas con una conspicua y angosta banda alrededor del umbo · · · · · · · · · · · · · · · · · · **1.** *P. leiophylla*

      6. Acículas (15–)20–30(–40+) cm de longitud, péndulas; escamas seminíferas sin banda alrededor del umbo · · **19.** *P. lumholtzii*

1. Vainas de los fascículos persistentes

   7. Fascículos con 3 acículas, ocasionalmente 2–5 (contar de 15–20 fascículos); conos de (2–)3–6(–7) cm de longitud

      8. Conos ovoides a subglobosos cuando están cerrados, más cortos que anchos cuando abren · · · · · · **20b.** *P. oocarpa* var. *trifoliata*

      8. Conos ovoides u oblicuamente ovoides cuando están cerrados, más largos que anchos cuando están abiertos

         9. Acículas delgadas, laxas, de (10–)15–20 cm de longitud y 0,7–0,9 mm de ancho; conos de (2–)3–3,5(–4) cm de longitud
· **4.** *P. herrerae*

         9. Acículas rígidas, de (7–)10–15(–18) cm de longitud y 1–1,4 mm de ancho; conos de (3–)4–6(–7) cm de longitud
· **28.** *P. teocote*

   7. Fascículos con (4–)5 acículas, raro 3 ó 6; conos de (4–)5–10(–12) cm de longitud o mucho más grandes

     10. Conos de (4–)5–10(–12) cm de longitud; escamas seminíferas con una apófisis plana o ligeramente levantada (Fig. 2E, F)

       11. Acículas de (8–)10–25 cm de longitud

         12. Conos ovoides a subglobosos cuando están cerrados, más cortos que anchos cuando abren

           13. Los conos al caer pierden las escamas basales; acículas de (8–)10–16 cm de longitud y 0,5– 0,8 mm de ancho; acículas con canales resiníferos internos (¡necesario microscopio!) · · · · · · · · · · · · · · · **21.** *P. praetermissa*

13. Conos persistentes, cuando caen lo hacen completos; acículas de (11–)14–25 cm de longitud, canales resiníferos septales (¡necesario microscopio!)
. . . . **20a.** *P. oocarpa* var. *oocarpa*

12. Conos ovoide-oblongos hasta atenuados u oblicuamente ovoides cuando están cerrados, más largos que anchos cuando abren

14. Las escamas basales no se separan cuando el cono abre; acículas con canales resiníferos septales (¡necesario microscopio!) . . . . **23.** *P. jaliscana*

14. Las escamas basales se separan cuando el cono abre; acículas con canales resiníferos medios(¡necesario microscopio!)

15. Conos con alrededor de 150–200 escamas; apófisis de las escamas más o menos planas, débilmente aquilladas, frecuentemente de color negro purpuráceo . . . . **13.** *P. hartwegii*

15. Conos con alrededor de 90–120 escamas; apófisis de las escamas ligeramente levantadas, prominentemente aquilladas, de color ocre a ligeramente café-rojizo . . . . **25.** *P. durangensis*

11. Acículas de 20–35 cm de longitud

16. Acículas de 0,6–1(–1,1) mm de ancho, fláccidas; escamas delgadas y lignificadas, extendidas a 90° ó reflejadas cuando el cono está abierto; hipodermo con numerosas intrusiones en el mesofilo, algunas veces conectándolo con la endodermis (¡necesario microscopio!)
. . . . **18.** *P. maximinoi*

16. Acículas de 0,7–1,2 mm de ancho, extendidas o fláccidas; escamas lignificadas, extendidas a menos de 90° cuando el cono está abierto; hipodermo sin o con pocas intrusiones en el mesofilo (¡necesario microscopio!)
. . . . **17.** *P. douglasiana*

10. Conos de (7–)8–35 cm de longitud; por lo menos algunas de las escamas con una apófisis levantada de forma prominente (raro que todas se encuentren casi planas) (Fig. 2G, H)

17. Vainas de los fascículos de 30–40 mm de longitud, resinosas; acículas de 1,1–1,6 mm de ancho; las células de la endodermis con las paredes externas delgadas (¡necesario microscopio!); conos de 15–35 cm de longitud
. . . . **16.** *P. devoniana*

17. Vainas de los fascículos de 20–30(–35) mm de longitud, generalmente sin resina; acículas de 0,8–1,3 mm de ancho; las células de la endodermis con las paredes exteriores engrosadas (¡necesario microscopio!); conos de 8–20 cm de longitud

18. Acículas con los haces vasculares conados (juntos); conos generalmente oblicuamente ovoides cuando están cerrados . . . . **14.** *P. pseudostrobus*

18. Acículas con los haces vasculares separados; conos generalmente ovoide-oblongos hasta atenuados cuando están cerrados ················ **15.** *P. montezumae*

Clave para las especies del noreste y este de México (IV)

(Este de Chihuahua, Coahuila, Nuevo León, Tamaulipas, norte de Zacatecas, San Luis Potosí, Guanajuato, Querétaro, Hidalgo, Tlaxcala, norte de Veracruz y norte de Puebla)

1. Vainas de los fascículos deciduas
    2. Conos con ≤ 60 escamas muy ampliamente extendidas, muy flexibles; conos no más anchos que largos
        3. Fascículos con 5 acículas (muy raro 4 ó 6, contando de 15–20 fascículos); arbusto bajo y extendido ······· **44.** *P. culminicola*
        3. Fascículos con 2–4(–5) acículas; árbol pequeño
            4. Brácteas de la vaina del fascículo enroscándose fuertemente antes de caer; acículas en fascículos de (2–)3(–4), raro 5, menos de 1 mm de ancho ············· **43.** *P. cembroides*
            4. Brácteas de la vaina del fascículo sin enroscarse; fascículos con 2(–3) acículas de 0.8–1.1 mm de ancho ······ **45.** *P. remota*
    2. Conos con ≥ 60 escamas, que se abren ≤ 90°, rígidas o, si son flexibles, abriéndose muy poco; conos más largos que anchos
        5. Fascículos con 3 acículas, raro 4 (contando 15–20 fascículos); conos oblongos, irregulares, hasta 10–12 cm de longitud; escamas muy flexibles; semillas sin alas cuando se han separado de las escamas ·················· **42.** *P. pinceana*
        5. Fascículos con (2–)3–5(–6) acículas; conos ovoides o cilíndricos y regulares; escamas rígidas; semillas aladas
            6. Fascículos con 5 acículas, raro 6; conos cilíndricos
                7. Semillas con el ala más corta que la semilla o vestigial (Fig. 2Mb); acículas de 6–11 cm de longitud, 0,8–1,2 mm de ancho
                    8. Yemas vegetativas resinosas; vainas de los fascículos con menos de 15 mm de longitud; conos de 10–15 cm de longitud ············· **36.** *P. flexilis* var. *reflexa*
                    8. Yemas vegetativas sin resina; vainas de los fascículos de 20–25 mm de longitud; conos de 12–30 cm de longitud (o más) ··············· **37.** *P. strobiformis*
                7. Semilla con el ala más larga que la semilla (Fig. 2I, J); acículas con (6–)8–15 cm de longitud, 0,6–1 mm de ancho ···································· **34.** *P. ayacahuite*
            6. Fascículos con (2–)3–5(–6) acículas; conos ovoides ································· **1.** *P. leiophylla*
1. Fascículos con vaina persistente
    9. Bases de los catafilos (escamas de la vaina) no decurrentes (Fig. 1B); fascículos con 3 acículas, pero conadas, dando la apariencia de ser una; conos tienen pedúnculos gruesos, largos, curvados, y persistentes; semillas sin ala cuando se desprenden de la escama ···································· **41.** *P. nelsonii*

9. Bases de los catafilos (escamas de la vaina) decurrentes (Fig. 1A); fascículos con (2–)3–5(–6) acículas separadas; conos con pedúnculos cortos (relativamente); semillas aladas

10. Acículas de (7–)9–15(–18) cm de longitud; conos (semi-) serotinos; apófisis de las escamas seminíferas planas o ligeramente levantadas (Fig. 2E, F)

11. Conos conspicuamente péndulos, en verticilos de 1–3, de (3–)4–6(–7) cm de longitud; fascículos con 3 acículas, pero ocasionalmente 2–5 (contando 15–20 fascículos)
· **28.** *P. teocote*

11. Conos aparentemente sésiles, en verticilos de 3–8, de (6–)8–13(–15) cm de longitud; fascículos con 3 acículas
· **32.** *P. greggii*

10. Acículas generalmente largas de más de 15 cm; conos que abren inmediatamente después de la madurez; apófisis de las escamas seminíferas levantadas, o por lo menos prominentemente aquilladas (Fig. 2F, G)

12. Acículas muy delgadas, colgando en 2 hileras, de 0,7–0,9(–1) mm de ancho, en fascículos de 3–4(–5) · · · · · · **22.** *P. patula*

12. Acículas con más de 1 mm de ancho; si de 0,8–1 mm, sin colgar en dos hileras; predominantemente en fascículos de 5

13. Fascículos con (2–)3–4(–5) acículas (contando 15–20 fascículos)

14. Umbo de las escamas seminíferas con una espina persistente; conos de 8–15 cm de longitud; acículas de 20–35 cm de longitud · · · · · · · · · · **12.** *P. engelmannii*

14. Umbo de las escamas seminíferas con una pequeña espina decidua (o totalmente ausente); conos con (4,5–)5–10(–14) cm de longitud; acículas de 14–25 cm de longitud · · · · · · · · · **10c.** *P. arizonica* var. *stormiae*

13. Fascículos con (3–)4–5(–6) acículas, predominantemente 5

15. Acículas de (6–)10–17(–22) cm de longitud; escamas de los conos relativamente delgadas y lignificadas, ligeramente flexibles · · · · · · · · · · · · · **13.** *P. hartwegii*

15. Acículas de (15–)20–40(–45) cm de longitud; escamas de los conos relativamente gruesas y lignificadas, inflexibles

16. Vaina de los fascículos de 30–40 mm de longitud, resinosa; acículas de 1,1–1,6 mm de ancho; pared externa de las células de la endodermis delgada (¡necesario microscopio!); conos de 15–35 cm de longitud · · · · · · · · · · · · · · · · · · **16.** *P. devoniana*

16. Vaina de los fascículos de 20–30(–35) mm de longitud, generalmente sin resina; acículas de 0,8–1,3 mm de ancho; pared externa de las células de la endodermis engrosadas (¡necesario microscopio!); conos de 8–20 cm de longitud

17. Acículas con los haces vasculares conados; conos por lo general oblicuamente ovoides cuando están cerrados · · · **14.** *P. pseudostrobus*

17. Acículas con los haces vasculares separados; conos generalmente ovoide-oblongos hasta atenuados cuando están a serrados
· · · · · · · · · · · · · · · · · · **15.** *P. montezumae*

Clave para las especies del centro y sur de México (V)
(Este de Michoacán, México, D.F., Morelos; Hidalgo, Tlaxcala, Puebla, Guerrero, Oaxaca, sur de Veracruz y Chiapas)

1. Vainas de los fascículos deciduas
   2. Conos no más largos que anchos, con ≤ 60 escamas, muy abiertas y flexibles · **43.** *P. cembroides*
   2. Conos más largos que anchos, con ≥ 60 escamas rígidas, abriéndose ≤ 90°
      3. Fascículos con (2–)3–5(–6) acículas (contando 15–20 fascículos), conos ovoides de (4–)5–7(–8) cm de longitud; escamas del cono con el umbo dorsal (Fig. 2Da, c) · · **1a.** *P. leiophylla* var. *leiophylla*
      3. Fascículos con 5 acículas; conos cilíndricos de (6–)8–40(–50) cm de longitud; escamas del cono con el umbo terminal (Fig. 2Ca)
         4. Apófisis (por lo menos las de las escamas de la base del cono) recurvadas o reflejadas; conos generalmente de 15–40 cm de longitud · · · · · · · · · · · · · · · · · · · **34.** *P. ayacahuite*
         4. Apófisis no reflejadas; conos generalmente de 8–16 cm de longitud, muy raro más largos · · **38.** *P. strobus* var. *chiapensis*
1. Vainas de los fascículos persistentes
   5. Conos asimétricos, oblicuos en la base o curvados, de 4,5–35 cm de longitud; escamas del cono abriendo 90° o más; apófisis casi planas hasta prominentemente levantadas (Fig. 2E–G)
      6. Acículas relativamente cortas, de (6–)10–17(–22) cm de longitud, extendidas; apófisis de las escamas seminíferas casi planas o poco levantadas (Fig. 2E, F), frecuentemente de color negro-purpuráceo · **13.** *P. hartwegii*
      6. Acículas muy largas, de 20–45 cm de longitud, extendidas o fláccidas; apófisis de las escamas seminíferas casi lisas o prominentemente levantadas (Fig. 2E–G)
         7. Conos de 5–10(–12) cm de longitud; cayendo intactos (pedúnculo deciduo junto con el cono)
            8. Escamas seminíferas delgadas, lignificadas y flexibles, por lo general fuertemente recurvadas en conos abiertos; acículas muy delgadas, fláccidas, de 0,6–1 mm de ancho
            · **18.** *P. maximinoi*
            8. Escamas seminíferas no flexibles, sin recurvarse fuertemente en conos abiertos; acículas fláccidas o extendidas, de 0,7–1,2 mm de ancho · · **17.** *P. douglasiana*
         7. Conos de (7–)10–35 cm de longitud; dejando algunas escamas basales en la ramilla cuando el cono cae

9. Vainas de los fascículos de 30–40 mm de longitud, resinosas; acículas de 1,1–1,6 mm de ancho; células de la endodermis con la pared externa delgada; conos de 15–35 cm de longitud ·················· **16**. *P. devoniana*

9. Vainas de los fascículos de 20–30(–35) mm de longitud, generalmente sin resina; acículas de 0,8–1,3 mm de ancho; células de la endodermis con la pared externa engrosada; conos de 8–20 cm de longitud

  10. Acículas con los haces vasculares conados (¡necesario microscopio!); conos generalmente oblicuo-ovoides cuando están cerrados ········ **14**. *P. pseudostrobus*

  10. Acículas con los haces vasculares separados (¡necesario microscopio!); conos generalmente ovoide-oblongos hasta atenuados cuando están cerrados

    ····················· **15**. *P. montezumae*

5. Conos simétricos, ovoide a ovoide-oblongos, a veces ligeramente oblicuos, de (4–)5–10(–12) cm de longitud; escamas seminíferas generalmente abriendo menos de 90°; apófisis planas o ligeramente levantadas (Fig. 2E, F)

  11. Conos ampliamente ovoides a subglobosos cuando están cerrados

    12. Conos semi-serotinos (solamente las escamas próximas al ápice se separan), permaneciendo en el árbol; acículas de 0,8–1,6 mm de ancho; canales resiníferos en las acículas septales (¡necesario microscopio!) ········· **20.** *P. oocarpa*

    12. Conos que abren completamente cuando maduran, cayendo después de 1–3 años; acículas de 0,7–1 mm de ancho; canales resiníferos en las acículas medios (¡necesario microscopio!)

    ····················· **24.** *P. tecunumanii*

  11. Conos ovoides hasta atenuados cuando están cerrados

    13. Acículas con 10 o más líneas de estomas en la cara abaxial; canales resiníferos en las acículas internas (¡necesario microscopio!)

      14. Conos semi-serotinos, persistentes, dejando algunas escamas basales en la rama cuando caen; umbo de las escamas plano o deprimido ·········· **27**. *P. pringlei*

      14. Conos que abren rápidamente al alcanzar la madurez, caen pronto junto con el pedúnculo; umbo de las escamas levantado prominentemente ···· **26**. *P. lawsonii*

    13. Acículas con 3–7 líneas de estomas en la cara abaxial; acículas con canales resiníferos medios (¡necesario microscopio!)

      15. Acículas con (7–)10–15(–18) cm de longitud y 1–1,4 mm de ancho ····················· **28**. *P. teocote*

      15. Acículas con (11–)15–25(–30) cm de longitud y 0,7–0,9 mm de ancho ····················· **22.** *P. patula*

Clave para las especies de Mesoamérica (VI)

(Chiapas, Quintana Roo, Belice, Guatemala, El Salvador, Honduras y Nicaragua)

1. Vainas de los fascículos decidua
    2. Apófisis, por lo menos de las escamas de la base del cono, recurvadas o reflejadas; conos generalmente de 15–40 cm de longitud ·································· **34.** *P. ayacahuite*
    2. Apófisis de las escamas sin reflejarse; conos generalmente de 8–16 cm de longitud, raro más largos ····· **38.** *P. strobus* var. *chiapensis*
1. Vaina de los fascículos persistente
    3. Largos brotes generalmente multinodales; yemas vegetativas generalmente resinosas; acículas en fascículos de 3 (raro 2 ó 4); canales resiníferos internos (¡necesario microscopio!)
       ······························ **5c.** *P.caribaea* var. *hondurensis*
    3. Largos brotes uninodales; yemas vegetativas generalmente sin resina; acículas en fascículos de 4–5, raro 3 ó 6; canales resiníferos en varias posiciones (¡necesario microscopio!)
        4. Conos asimétricos, con la base oblicua o curvada, de 4.5–35 cm de longitud; escamas seminíferas que abren a 90° o más; apófisis casi plana a levantada prominentemente (Fig. 2E–G)
            5. Acículas relativamente cortas, de (6–)10–17(–22) cm de longitud, extendidas; apófisis de las escamas casi planas o ligeramente levantadas (Fig. 2E, F), frecuentemente de color negro-purpuráceo ··················· **13.** *P. hartwegii*
            5. Acículas muy largas, de 20–45 cm, extendidas o fláccidas; apófisis de las escamas seminíferas casi planas o prominentemente levantadas (Fig. 2E–G)
                6. Conos de 5–10(–12) cm de longitud; cayendo intactos (el pedúnculo deciduo junto con el cono); escamas delgadas, leñosas y flexibles, en conos abiertos casi siempre fuertemente recurvadas; acículas muy delgadas, fláccidas, de 0,6–1 mm de ancho ············· **18.** *P. maximinoi*
                6. Conos de (7–)10–35 cm de longitud, dejando algunas escamas basales en la rama cuando caen; escamas seminíferas gruesas, lignificadas y rígidas, generalmente no curvadas; acículas de 0,8–1,6 mm de ancho
                    7. Vainas de los fascículos de 30–40 mm de longitud, resinosas; acículas de 1,1–1,6 mm de ancho; paredes externas de las células de la endodermis delgadas; conos de 15–35 cm de longitud ····· **16.** *P. devoniana*
                    7. Vainas de los fascículos de 20–30(–35) mm de longitud, generalmente sin resina; acículas de 0,8–1,3 mm de ancho; paredes externas de las células de la endodermis engrosadas; conos de 8–20 cm de longitud
                        8. Acículas con haces vasculares conados; conos generalmente oblicuamente ovoides cuando están cerrados ··············· **14.** *P. pseudostrobus*

8. Acículas con los haces vasculares separados; conos generalmente ovoide-oblongos hasta atenuados cuando están cerrados ······ **15.** *P. montezumae*

4. Conos simétricos, ovoides a ovoide-oblongos, algunas veces ligeramente oblicuos, de (4–)5–10(–12) cm de longitud; escamas seminíferas que abren generalmente menos de 90°; apófisis planas o ligeramente levantadas (Fig. 2E–F)

9. Conos semi-serotinos (solamente las escamas del ápice se separan), permaneciendo en el árbol; acículas de 0,8–1,6 mm de ancho con los canales resiníferos septales (¡necesario microscopio!) ············ **20.** *P. oocarpa*

9. Conos que abren completamente cuando maduran, cayendo después de 1–3 años; acículas de 0.7–1 mm de ancho, canales resiníferos en las acículas medias (¡necesario microscopio!) ················· **4.** *P. tecunumanii*

CLAVES PARA GRUPOS MORFOLÓGICOS

Las claves para grupos morfológicos tienen una aplicación limitada debido a que no cubren todas las especies como es el caso de las claves regionales. Esto se debe a que hay especies de pinos que no tienen ninguno de los caracteres usados aquí para definir los grupos morfológicos. Si un pino en el campo no puede ser determinado por alguna de las claves siguientes, deberemos trabajar con la clave regional apropiada. Las especies no incluidas en las siguientes claves son: *P. arizonica, P. lawsonii, P. leiophylla, P. maximartinezii, P. monophylla, P. ponderosa* var. *scopulorum, P. pringlei* y *P. rzedowskii*.

Claves para los grupos morfológicos

1. Fascículos con 2 acículas (raro que algunos fascículos tengan 3) ·· **grupo 1**

1. Fascículos con más de 2 acículas (ocasionalmente algunos con 2)

2. Fascículos con 3 acículas (raro que algunos tengan 2 ó 4) ·· **grupo 2**

2. Fascículos con (2–)3, 4 y/o 5 (algunas veces más) acículas

3. Fascículos con un variable número de acículas (contando muchos fascículos para determinar esto), o si tienen únicamente 5, entonces las vainas de los fascículos se enroscan antes de caer del fascículo

4. Conos pequeños con ≤ 60 escamas seminíferas muy extendidas y semillas sin alas ················ **grupo 3**

4. Conos pequeños o grandes, con ≥ 60 escamas seminíferas más o menos extendidas y semillas con alas

5. Conos de menos de unos 6 cm de longitud ···· **grupo 4**

5. Conos de alrededor de 6–15 cm de longitud ··· **grupo 5**

3. Fascículos con 5 acículas (raro 4 ó 6), con una vaina decidua o persistente en la que sus escamas no se retraen
   6. Vainas de los fascículos deciduas, acículas no mayores de 18 cm; escamas seminíferas con umbos terminales · · · · **grupo 6**
   6. Vainas persistentes, acículas mayores de 18 cm; escamas seminíferas con umbos dorsales · · · · · · · · · · · · · **grupo 7**

Clave para las especies del grupo 1

1. Acículas de 4–7 cm de longitud y 1,2–2,0 mm de ancho, márgenes enteros o escasamente aserrados; conos pequeños de (3–)4–5,5 × 3–4 cm cuando abren · · · · · · · · · · · · · · · · · **3.** *P. contorta* var. *murrayana*
1. Acículas mayores de 7 cm de longitud con los márgenes aserrados; conos mayores de 5 cm de longitud
   2. Conos variables, con la apófisis ligera o extremadamente alargada en un lado del cono, umbo armado con una espina puntiaguda
· **29.** *P. muricata*
   2. Conos más uniformes, con la apófisis ligeramente levantada o engrosada en un lado del cono, con el umbo plano
· **30.** *P. radiata* var. *binata*

Clave para las especies del grupo 2

1. Conos muy persistentes, sésiles, generalmente en verticilos y quedando cerrados por muchos años
   2. Escamas del cono con apófisis cónicas y curvadas en un lado cerca de la base del cono · **31.** *P. attenuata*
   2. Escamas del cono con apófisis plana o ligeramente levantada en todos los lados del cono · **32.** *P. greggii*
1. Conos (eventualmente) deciduos, generalmente pedunculados, abriendo rápido o gradualmente
   3. Acículas de (15–)20–30(–40+) cm de longitud, muy péndulas, vainas de los fascículos deciduas con las escamas de color café que se enroscan antes de caer · · · · · · · · · · · · · · · · · · · **19.** *P. lumholtzii*
   3. Acículas cortas o si son largas no son péndulas, vainas persistentes o si son deciduas con cortas e incospicuas escamas
      4. Todas las ramillas con follaje son péndulas, vainas de los fascículos deciduas; arbustos o árboles pequeños de copa tupida
· **42.** *P. pinceana*
      4. Ramillas con follaje en su mayor parte extendidas; fascículos con vainas persistentes
         5. Todas las acículas libres en el fascículo; corteza no blanquecina
            6. Acículas gruesas (1.5–2.2 mm de ancho), muy rígidas, extendidas
               7. Conos numerosos en todos los árboles, de (10–)12–17 × 9–14 cm cuando abren, con escamas delgadas que tienen apófisis ligeramente levantadas, cayendo pronto
· **11.** *P. jeffreyi*

7. Conos muy escasos (si hay alguno) por árbol, muy grandes, de 20–35 × 15–20 cm cuando abren, con escamas gruesas y apófisis y umbos ganchudos y alargados, permaneciendo algunos años en el árbol · **33.** *P. coulteri*

6. Acículas con menos de de 1,6 mm de ancho, laxas o rígidas, fláccidas o extendidas
   8. Acículas delgadas, de 0,7–0,9 mm de ancho, laxas, fláccidas; conos muy pequeños, de (2–)3–3,5(–4) × 2–3,5 cm cuando abren, cayendo pronto · **4.** *P. herrerae*
   8. Acículas de 1,2–1,6 mm de ancho, rígidas, extendidas; conos generalmente más largos, permaneciendo algunos años en el árbol · · · · · · **20b.** *P. oocarpa* var. *trifoliata*

5. Acículas conadas en el fascículo, aparentando ser una; arbusto o árbol pequeño con la corteza blanquecina · · **41.** *P. nelsonii*

Clave para las especies del grupo 3

1. Fascículos con 5 acículas (muy raro 4 ó 6); arbusto bajo y extendido · **44.** *P. culminicola*
1. Fascículos con 2–4(–5) acículas; árbol pequeño
   2. Escamas de la vaina del fascículo enroscándose fuertemente antes de caer; acículas con menos de 1 mm de ancho · · · · **43.** *P. cembroides*
   2. Escamas de la vaina del fascículo sin enroscarse; acículas de 0,8–1,5 mm de ancho
      3. Acículas en fascículos de 2(–3), de 0,8–1,1 mm de ancho · **45.** *P. remota*
      3. Acículas en fascículos de (3–)4(–5), de 1–1,5 mm de ancho · **47.** *P. quadrifolia*

Clave para las especies del grupo 4

1. Fascículos con 3, raro 2, 4 ó 5 acículas (contando muchos fascículos)
   2. Acículas muy péndulas de (15–)20–30(–40) cm de longitud, vainas largas y deciduas · **19.** *P. lumholtzii*
   2. Acículas extendidas o fláccidas, no péndulas de (7–)19–15(–18) cm de longitud, vainas cortas y persistentes · · · · · · · · · · · **28.** *P. teocote*
1. Fascículos con (3–)4–5 acículas
   3. Acículas de (8–)10–16 cm de longitud y 0,5–0,8 mm de ancho, muy delgadas y laxas; conos · · · ·ampliamente ovoides y suaves cuando están cerrados, con un pedúnculo delgado, dejando frecuentemente algunas escamas basales cuando caen · **21.** *P. praetermissa*
   3. Acículas de (14–)16–18(–25) cm de longitud y 0,7–1.0(–1,1) mm de ancho, rectas y laxas; conos ovoides hasta ampliamente ovoides cuando están cerrados, con el pedúnculo sólido y curvado, sin dejar escamas basales · · · · · · · **24.** *P. tecunumanii*

Clave para las especies del grupo 5

1. Fascículos con (4–)5–6(–7, raro 8) acículas; conos de 5–9(–11) × 4–6(–7) cm cuando abren, escamas gruesas, lignificadas y rígidas
· **25.** *P. durangensis*
1. Fascículos con (2–)3–4 ó (3–)4–5 (raro 6) acículas (contando de 20–25 fascículos)
   2. Fascículos predominantemente con 3 acículas, algunas veces más, raro 2
      3. Conos que dejan algunas escamas basales al caer; escamas con una espina persistente y puntiaguda en el umbo; acículas de 1,5–2,0 mm de ancho, generalmente muy rígidas
· **12.** *P. engelmannii*
      3. Conos que caen con el pedúnculo; escamas sin espina rígida en el umbo; acículas rígidas de (1,2–)1,4–1,8 mm de ancho
· **5.** *P. caribaea* var. *hondurensis*
   2. Fascículos con 3–5 acículas, raro 6
      4. Conos hasta de 10(–12) cm de longitud, permaneciendo cerrados cerca de la base y abriendo lentamente
         5. Fascículos con 3–4(–5) acículas; conos en verticilos de 2 o más, casi sésiles, persistentes · · · · · · · · · · · · · **22.** *P. patula*
         5. Fascículos con (4–)5, raro 3 acículas; conos solitarios o en verticilos de 2–3 en pedúnculos curvados · · · **23.** *P. jaliscana*
      4. Conos de 8–15(–20) cm de longitud, abriendo pronto y casi completamente.
         6. Acículas de (6–)10–17(–22) cm de longitud, rectas o curvadas, rígidas; escamas del cono delgadas, con una apófisis más o menos plana, frecuentemente de color purpuráceo a negruzco · **13.** *P. hartwegii*
         6. Acículas de (20–)25–35 cm de longitud, rectas, laxas o más rígidas; escamas del cono delgadas o gruesas, con la apófisis levantada, de color café · · · · · · · · · · · · · **15.** *P. montezumae*

Clave para las especies del grupo 6

1. Conos de (6–)8–16(–25) cm de longitud, escamas no recurvadas (excepto algunas veces cerca de la base del cono)
   2. Fascículos persistiendo (3–)5–6 años; escamas seminíferas con apófisis gruesas; semillas sin ala o si está presente ésta será rudimentaria · **36.** *P. flexilis* var. *reflexa*
   2. Fascículos persistiendo 2–3 años; escamas seminíferas con las apófisis delgadas; semillas con ala de 20–30 × 6–9 mm adnada a la semilla · **38.** *P. strobus* var. *chiapensis*
1. Conos de (10–)15–45(–60) cm de longitud, escamas recurvadas o rectas, si los conos están rectos entonces generalmente serán mayores de 25 cm
   3. Conos de 25–45 × 8–14 cm cuando están abiertos, todas las escamas rectas con la apófisis gruesa · · · · · · · · · · · · · · · **35.** *P. lambertiana*
   3. Conos de tamaño variable, incluso dentro de un mismo árbol,

escamas recurvadas, por lo menos en la base y el apice del cono

    4. Semillas con ala corta o rudimentaria (ver la marca del ala de la semilla en el interior de la escama si ésta se ha desprendido ya del cono) · **37.** *P. strobiformis*

    4. Semillas con alas bien desarrolladas de alrededor del doble de la longitud de la semilla · · · · · · · · · · · · · · · · · · **34.** *P. ayacahuite*

Clave para las especies del grupo 7

1. Conos ampliamente ovoides a subglobosos cuando están cerrados, con la base aplanada y midiendo de 3–8(–10) × 3–9(–12) cuando abren, persistiendo por algunos años · · · · · · · · · · · · · · · · · · **20.** *P. oocarpa*

1. Conos más largos que anchos cuando están cerrados, generalmente asimétricos, deciduos

    2. Acículas muy delgadas y laxas de 0,6–1,0(–1,1) mm de ancho, fláccidas hasta péndulas; escamas seminíferas delgadas, frecuentemente reflejadas en conos abiertos · · · · **18.** *P. maximinoi*

    2. Acículas generalmente más gruesas, y fláccidas o extendidas; escamas seminíferas gruesas y lignificadas, no reflejadas en conos abiertos

        3. Vainas muy largas, de hasta 40 mm, resinosas, acículas de 1,1–1,6 mm de ancho, de color verde brillante; conos de 15–35 × 8–15 cm cuando abren, frecuentemente curvados · · **16.** *P. devoniana*

        3. Vainas de hasta 30 mm de longitud, sin resina, acículas de 0,7–1,3 mm de ancho, de color verde claro o verde glauco; conos de hasta 16 cm de longitud

            4. Conos de 7–10 × 5–7 cm cuando están abiertos, (anchos) ovoides, regulares, escamas con apófisis ligeramente levantadas; gruesas intrusiones de células del hipodermo dentro de las acículas (¡necesario microscopio!)
               · **17.** *P. douglasiana*

            4. Conos muy variables de 7–16 × 6–13 cm cuando están abiertos, generalmente oblicuos, escamas con apófisis ligera o extremadamente levantadas; sin intrusiones de células del hipodermo · **14.** *P. pseudostrobus*

❶ Pinus leiophylla

Pinus leiophylla Schlechtendal & Chamisso
 var. *leiophylla*

Nombres locales: Ocote, Pino chino, Pino prieto (incluyendo la var. *chihuahuana*).

Hábito de crecimiento, tronco: árbol de tronco recto y copa generalmente estrecha, de hasta 20–30 m de altura y 50–85 cm de d.a.p.

Corteza: muy gruesa en el tronco, escamosa, con placas irregulares pero alargadas y fisuras muy profundas, de color gris-café obscuro.

Ramillas: delgadas, frágiles y escamosas, de color café-rojizo, algunas veces glaucas, pronto de color gris-café; fascículos fláccidos o extendidos, persistiendo por 2–3 años.

Acículas: de color verde grisáceo (de color verde en la cara abaxial y de color grisáceo en las caras adaxiales) en fascículos de (4–)5(–6), 4 más frecuente que 6, de (6–)8–15(–17) cm de longitud y 0,5–0,9 mm de ancho, laxas, algunas veces más rígidas; las escamas de la vaina caen al alcanzar las acículas el tamaño definitivo.

Conos: solitarios o en verticilos de 2–5, madurando en tres estaciones (por lo tanto, es posible observar con frecuencia conos de tres distintas edades en el mismo árbol), simétricos, ovoides, (4–)5–7(–8) × (3–)4–5,5 mm cuando están abiertos; fuertemente pedunculados y persistentes.

Escamas del cono: 50–70, abriendo pronto; apófisis con una sección distinta producto de la segunda estación de crecimiento alrededor del umbo de color más obscuro.

Semillas: 3–4(–5) mm de longitud, con ala articulada de 10–18 × 4–8 mm, de color más claro que la semilla.

Hábitat: pinares y bosques de pino-encino de montaña a alta montaña, generalmente en suelos profundos y bien drenados; esta especie es un constituyente común de ambos tipos de bosques.

Distribución: MÉXICO: noreste de Sonora, oeste de Chihuahua, Durango, Nayarit, Zacatecas, Jalisco, Michoacán, México, D.F., Hidalgo, Morelos, Tlaxcala, Puebla, Veracruz, Guerrero y Oaxaca.

Altitud: (1500–) 1900–2900(–3300) m.

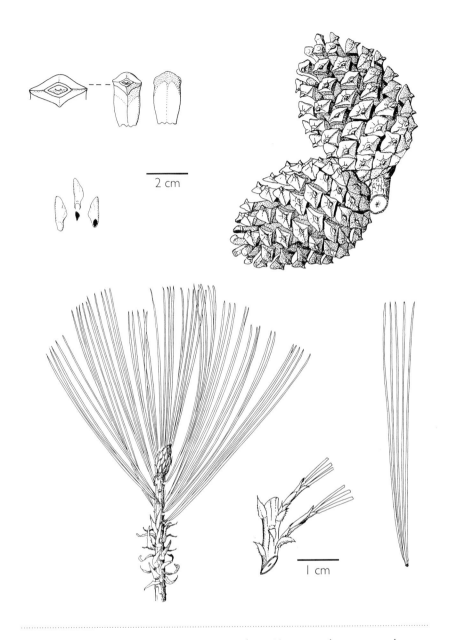

2 cm

1 cm

Notas: *Pinus leiophylla* es la única especie en la región en que los conos tardan tres estaciones ("años") para llegar a la madurez. Esta es una de las pocas especies de pino que se puede regenerar a partir del tocón. En ocasiones se puede ver una forma de *P. leiophylla* var. *chihuahuana* con las acículas laxas como las de *P. lumholtzii*.

Especies, subespecies o variedades afines: En el norte *P. leiophylla* var. *leiophylla* es gradualmente remplazada por *P. leiophylla* var. *chihuahuana* (Engelmann) Shaw (sin. *P. chihuahuana*), aunque la variedad *leiophylla* alcanza el noreste de Sonora. La variedad *chihuahuana* suele ser un árbol más pequeño debido a las condiciones del suelo y clima, siendo las diferencias solamente lo corto, grueso y rígido de las hojas (4–)6–12(–14) cm × 0,9–1,3(–1,5) mm) en fascículos de (2–)3(–4), raro 5.

③ Pinus contorta var. **murrayana**

Pinus contorta J. C. Loudon var. *murrayana* (Balfour) Engelmann

Nombre local: Pino

Hábito de crecimiento, tronco: árbol de tronco recto, algunas veces bifurcado, de hasta 25–33 m de alto y 100–150(–200) cm de d.a.p.

Corteza: delgada con numerosas y pequeñas placas escamosas de color anaranjado brillante o café-rosado que con el paso del tiempo se vuelve grisáceo.

Ramillas: retoños jóvenes de color glauco, ásperos; con brotes dominantes frecuentemente multinodales; fascículos erectos o extendidos, persistiendo de 5–8 años.

Acículas: en fascículos de 2, de 4–7 cm de longitud y 1,2–2,0 mm de ancho, con los márgenes enteros o escasamente aserrados, generalmente curvadas y retorcidas, rígidas.

Conos: solitarios o en verticilos de 2–5, en pedúnculos cortos, ovoides con la base oblicua, (3–)4–5,5 × 3–4 cm cuando abren.

Escamas del cono: 90–110, abriendo gradualmente; apófisis transversalmente aquillada, frecuentemente engrosados por un lado cerca de la base del cono; umbo con una espina prominente y persistente.

Semillas: de 4–5 mm de longitud, de color café-grisáceo, con ala articulada de 8–12 × 4–5 mm, de color café-amarillento.

Hábitat: en pinares y en bosques mixtos de coníferas de alta montaña, en suelos profundos y bien drenados, así como también en laderas pedregosas.

Distribución: MÉXICO: únicamente en las partes más altas de la Sierra de San Pedro Mártir en Baja California Norte; es el límite sur de la distribución de esta variedad, la cual se extiende a través de los estados del Pacífico en los EE.UU.

Altitud: 2300–3000+ m.

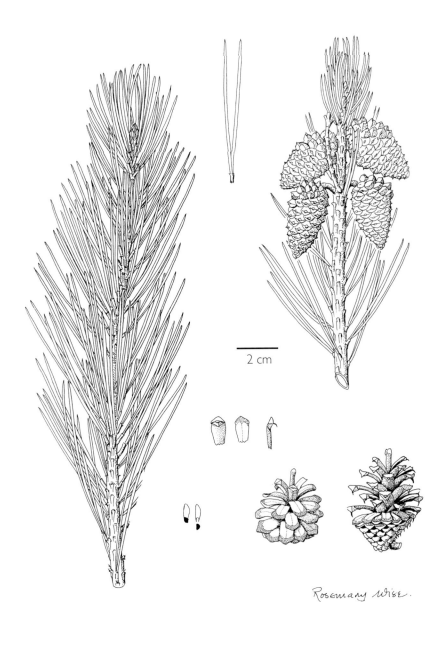

Rosemary Wise.

Notas: La mayor parte de los árboles mexicanos de esta variedad de *Pinus contorta* crecen en el interior del Parque Nacional de San Pedro Mártir y están, por lo tanto, protegidos de la explotación.

Especies, subespecies y variedades afines: Ninguna de las otras variedades de *Pinus contorta* se encuentra en México; Martínez (1948) erróneamente identificó los árboles de Baja California como *P. contorta* var. *latifolia*, que se encuentra en las Montañas Rocallosas.

4 Pinus herrerae

Pinus herrerae Martínez

Nombres locales: Ocote, Pino chino

Hábito de crecimiento, tronco: árbol de tronco recto, algunas veces tortuoso, de hasta 30–35 m de alto y 75–100 cm de d.a.p.

Corteza: gruesa en el tronco, con placas escamosas y fisuras longitudinales poco profundas, de color café-rojizo hasta gris-café.

Ramillas: de color gris claro, con las bases de las hojas (del fascículo) largas y decurrentes, persistentes; fascículos fláccidos o extendidos, persistiendo 3 años.

Acículas: de color verde, en fascículos de 3, de (10–)15–20 cm de longitud y 0,7–0,9 mm de ancho, delgadas y laxas.

Conos: solitarios o en pares, raro en verticilos de 3, en pedúnculos distintos, ovoides, muy pequeños, de (2–)3–3,5(–4) × 2–3,5 cm cuando abren, generalmente caen en el año en que maduran.

Escamas del cono: 50–80, abriendo pronto; apófisis ligeramente levantada, con umbo pequeño y mucronado.

Semillas: 2,5–4 × 2–3 mm, con ala articulada de 5–8 × 3–5 mm.

Hábitat: en la franja de bosque mesófilo de montaña y en bosques mixtos de pino y pino-encino; localmente este pino crece con *Pseudotsuga* (Abeto Douglas).

Distribución: MÉXICO: suroeste de Chihuahua, Sinaloa, Durango, oeste y sur de Jalisco, Michoacán y Guerrero.

Altitud: (1100–)1500–2600 m.

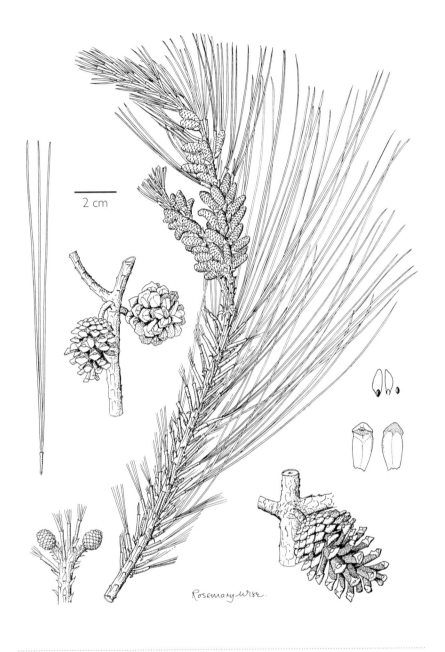

Rosemary Wise.

Notas: Esta es la especie que tiene los conos más pequeños que ninguna otra especie de pino mexicano.

Especies afines: Esta especie es similar en muchos caracteres a *P. teocote* (No. 28), sin embargo distinta en pocas pero constantes características. Las acículas son más delgadas, laxas y generalmente más largas y los conos son más pequeños. Detalles en la anatomía de las hojas distingue mejor estos dos pinos, los cuales pueden no estar cercanamente relacionados (ver Farjon & Styles, Flora Neotropica, Monografía 75).

⑤ Pinus caribaea var. hondurensis

Pinus caribaea Morelet var. *hondurensis* (Sénéclauze) W. H. Barrett & Golfari

Sinónimos: *P. hondurensis* Loock

Nombres locales: Ocote, Pino

Hábito de crecimiento, tronco: árbol de tronco recto, de hasta 20–35 m de alto y 60–100 cm de d.a.p.

Corteza: rugosa, escamosa, en la parte baja del tronco, fracturándose en placas irregularmente cuadradas divididas por fisuras profundas o poco profundas, el interior de la corteza es de color café-rojizo y el exterior de gris-café.

Ramillas: retoños (principales) multinodales, rugosos, resinosos; fascículos extendidos que persisten 3 años.

Acículas: en fascículos de 3 (raro 2 ó 4, muy raro 5), de (12–)16–28 cm de longitud y (1,2–)1,4–1,8 mm de ancho, rectas y rígidas.

Conos: con frecuencia en varios verticilos en una estación de crecimiento de una rama, en pares o verticilos de 3–5(–8), en pedúnculos curvos, deciduos, de (4–)5–12(–13) × 3,5–7 cm cuando abren.

Escamas del cono: 120–170, abriendo pronto; apófisis levantada (ligeramente), menos cerca de la base del cono, de perfil se observan irregularmente rómbicas, de color castaño-café, lustrosas, con el umbo levantado.

Semillas: 5–7 × 2,5–3,5 mm con una ala articulada o adnada, frecuentemente encerrando la semilla por un lado de ella, de 10–20 × 5–8 mm, el ala por lo general más ligeramente coloreada que la semilla.

Hábitat: principalmente en las tierras bajas de las planicies costeras, de las orillas de los manglares a los "pastizales/sabanas de pino", en suelos bien drenados, arenosos o con mucha grava y ácidas. Esta especie forma masas puras o se puede encontrar mezclada con *P. oocarpa* y/o *P. tecunumanii*; a través de gran parte de su rango la vegetación es climática de un bosque sometido a la acción del fuego.

Distribución: México (sur de Quintana Roo), Belice, norte de Guatemala, Honduras (incluyendo Islas de la Bahía) y Nicaragua (donde representa el límite sur de la distribución de los pinos en América).

Altitud: 1–700(–1000 ?) m.

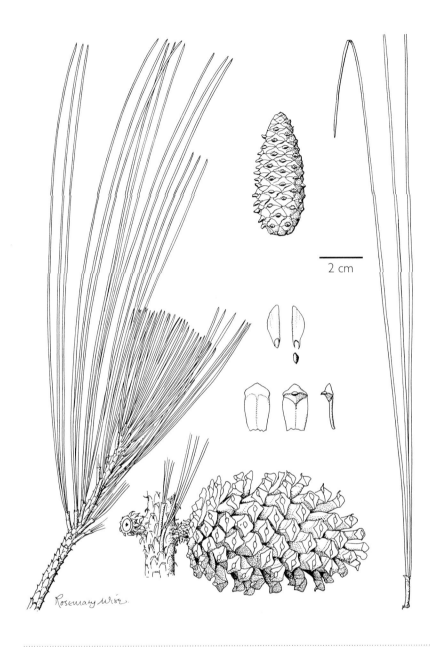

Notas: Las plántulas tienen un tallo muy alargado y tardan mucho en ramificar.

Especies, subespecies o variedades afines: En la región del Caribe existen otras dos variedades: *P. caribaea* var. *caribaea* (oeste de Cuba) y *P. caribaea* var. *bahamensis* (Grisebach) W.H. Barrett & Golfari (Bahamas). En Florida (EE.UU.) existe la especie afín *P. elliottii*, la cual fue anteriormente identificada como *P. caribaea*. No hay especies cercanamente relacionadas en América Central, aunque la hibridación con *P. oocarpa* (No. 20) se ha inferido muchas veces debido a la presencia de árboles "intermedios".

9 Pinus ponderosa var. scopulorum

Pinus ponderosa C. Lawson var. *scopulorum* Engelmann

Nombre local: Pino

Hábito de crecimiento, tronco: árbol de tronco recto de hasta 40 m de alto y 80–120 cm de d.a.p.

Corteza: gruesa en el tronco, escamosa, dividida en grandes placas separadas por anchas y poco profundas fisuras, de color café-anaranjado o café-rojizo con fisuras obscuras.

Ramillas: robustas, rugosas con la base de las hojas persistente, de color café-rojizo, frecuentemente glaucas; fascículos extendidos que persisten de 2–2.5 años.

Acículas: en fascículos de (2–)3 (en algunos árboles predominantemente 2 ó 3), de (10–)15–25(–27) cm de longitud y 1,3-1,6 mm de ancho, rectas o curvadas, rígidas.

Conos: solitarios o en verticilos de 2–3, casi sésiles, persistiendo unos pocos años después de dispersar las semillas y dejando algunas escamas basales cuando caen, de ovoides a subglobosos, de 5–10 × 4,5–7 cm cuando abren.

Escamas del cono: 90–120, flexibles, abriendo pronto; apófisis levantada y transversalmente aquillada; umbo plano o levantado, con una espina persistente y curva.

Semillas: de 5–7 × 4–5 mm, de color gris-café claro, algunas veces con manchas obscuras; ala articulada de 15–20 × 6–10 mm, de color café-amarillento claro, translúcidas.

Hábitat: en las montañas hasta las altas montañas en bosques de pino, en bosques mixtos de coníferas o bosques de pino-encino.

Distribución: MÉXICO: encontrado en dos localidades separadas del estado de Chihuahua (Cordillera San Luis) y Coahuila (Sierra del Carmen). Ampliamente distribuido en los EE.UU.

Altitud: no reportada, pero debe ser por arriba de 1500 m.

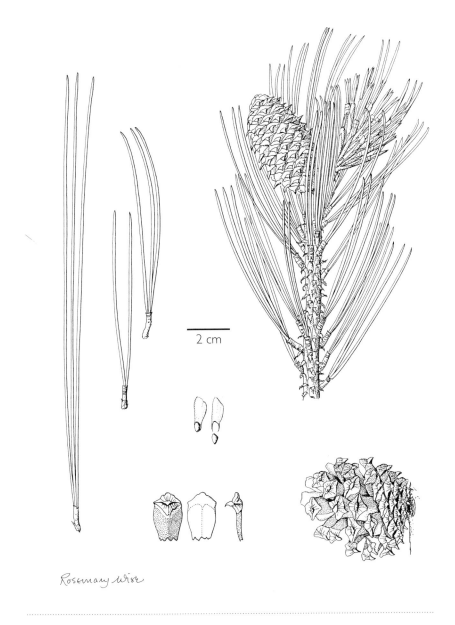

Rosemary Wise

Notas: *Pinus ponderosa* es una especie ampliamente distribuida en Norte América; *P. ponderosa* var. *scopulorum* es el nombre generalmente utilizado para denominar a las poblaciones del interior (Montañas Rocallosas). Puede ocurrir en otras partes por este lado de la frontera mexicana, pero no en Baja California (Martínez, 1948), donde todos los árboles se han sido identificado como *P. ponderosa* son *P. jeffreyi* (No. 11).

Especies, subespecies y variedades afines: *P. arizonica* (No. 10) y sus variedades están cercanamente relacionadas con *P. ponderosa* y han sido clasificadas como una variedad de ella, en tratamientos más conservadores. *Pinus arizonica* difiere principalmente en el más alto número de acículas por fascículo (3–5) y en las escamas del cono más gruesas y rígidas. Las demás características son más variables y en parte se traslapan con *P. ponderosa* (ver Farjon & Styles, Flora Neotropica, Monografía 75).

⑩ Pinus arizonica

Pinus arizonica Engelmann var. *arizonica*

Sinónimos: *P. ponderosa* var. *arizonica* (Engelmann) G.R. Shaw

Nombres locales: Pino amarillo, Pino blanco, Pino chino, Pino real (incluyendo variedades)

Hábito de crecimiento, tronco: árbol de tronco recto, de hasta 30–35 m de alto y 100–120 cm de d.a.p.

Corteza: de color muy obscuro, casi negro, gruesa en el tronco, escamosa, fracturándose en grandes placas, divididas por fisuras anchas y poco profundas o profundas, por dentro de color café y por fuera de color gris.

Ramillas: robustas, rugosas, con la base de las hojas (del fascículo) persistente por un año, al principio son de color café-amarillento y después glaucas; los fascículos son extendidos o ligeramente fláccidos, persistiendo 2–3 años.

Acículas: de color verde-grisáceo, en fascículos de 3–5, de (8–)10–20(–23) cm de longitud y 0,9–1,6 mm de ancho, rectas o ligeramente curvadas, rígidas a ligeramente laxas.

Conos: en verticilos de 2–5, estrechamente sésiles, persistiendo por unos pocos años después de dispersar las semillas, dejando escamas basales al caer, abriendo pronto, de (4,5–)5–7 × 3,5–6 cm cuando abren.

Escamas del cono: 90–140, abriendo pronto, gruesas, rígidas; apófisis levantada o plana, transversalmente aquillada, de color café claro, umbo variable, con una espina pequeña y decidua.

Semillas: 4–6 × 3–3,5 mm, con una ala articulada de 12–15 × 4–6 mm.

Hábitat: bosques de pino y de pino-encino montañosos hasta de altas montañas en suelos profundos y bien drenados; esta especie es un árbol común de ambos tipos de bosques.

Distribución: MÉXICO: principalmente en la Sierra Madre Occidental hacia el sur hasta Durango, en áreas apartadas de Coahuila, noreste de Zacatecas y Nuevo León; también en el suroeste de los EE.UU.

Altitud: (1300–)2200–2700(–3000) m.

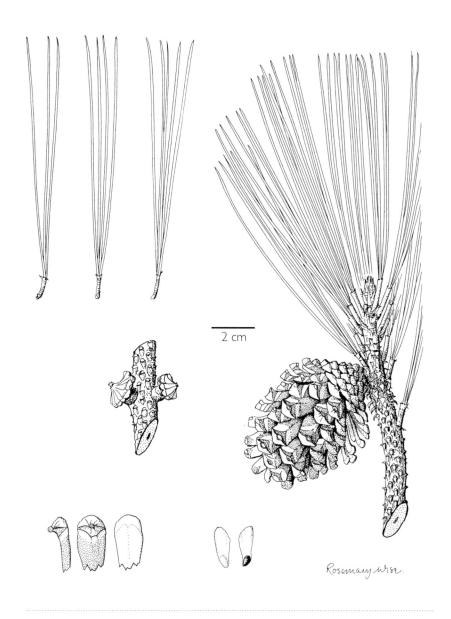

2 cm

Rosemary Wise.

Especies, subespecies y variedades afines: Esta especie está dividida en tres variedades (Farjon & Styles, Flora Neotropica, Monografía 75). *P. arizonica* var. *cooperi* (C.E. Blanco) Farjon (sin. *P. cooperi*) tiene las acículas más cortas [(5–)6–10(–12)] cm y ligeramente más delgadas (1,0–1,3 mm), en fascículos predominantemente de 5 (ocasionalmente de (3–)4–5) y se localiza por lo general en Durango, aunque es posible verla dispersa en el noroeste de Chihuahua. *P. arizonica* var. *stormiae* Martínez, difiere de la variedad *arizonica* en sus hojas más gruesas (1,4–1,8 mm), rígidas curvadas y torcidas, además los conos son ligeramente más grandes. Se distribuye principalmente en el sur de Nuevo León, además en el sur de Coahuila, Zacatecas y posiblemente en San Luis Potosí. *Pinus arizonica* está relacionada con *P. ponderosa* (No. 9), de la cual es considerada como una variedad por algunos botánicos conservadores.

⑪ Pinus jeffreyi

Pinus jeffreyi J. H. Balfour

Nombres locales: Pino, Pino negro

Hábito de crecimiento, tronco: árbol de tronco recto, de hasta 20–30 m de alto y 100 cm de d.a.p.

Corteza: gruesa en el tronco, escamosa, con placas gruesas y alargadas de color café claro, divididas por profundas fisuras, de color más obscuro.

Ramillas: robustas, dirigidas hacia arriba, muy rugosas, con las bases de las hojas (de los fascículos) persistentes, de color café-anaranjado claro, frecuentemente glaucas; fascículos extendidos que persisten por 4–5 años

Acículas: en fascículos de 3, a veces algunos fascículos con 2, de (12–)15–22(–25) cm de longitud y 1,5–1,9(–2,0) mm de ancho, rectas o un poco curvadas y rígidas.

Conos: solitarios o en pares, aparentemente sésiles en la madurez, en general ovoides, con la base oblicua, aplanados, de (10–)12–17 × 9–14 cm cuando abren, dejando algunas escamas basales cuando caen.

Escamas del cono: 150–175, delgadas, abriendo el cono pronto y ampliamente al madurar; apófisis ligeramente levantadas y transversalmente aquilladas, con frecuencia resinosas, de color café claro; umbo con una espina prominente y persistente.

Semillas: de 9–12 mm de longitud, con ala articulada de 20–25 × 10 mm, ambas de color café claro o café-amarillento.

Hábitat: bosques abiertos de pino, montañosos o de alta montaña, y bosques mixtos de coníferas, en suelos profundos y bien drenados.

Distribución: MÉXICO: Baja California Norte, en la Sierra de Juárez y más común en la parte norte de la Sierra de San Pedro Mártir; muy extendida por la Sierra Nevada de la Alta California hasta Oregon.

Altitud: Sierra de Juárez: (1100–)1400–1800 m; Sierra de San Pedro Mártir: 1800–2500(–2700) m.

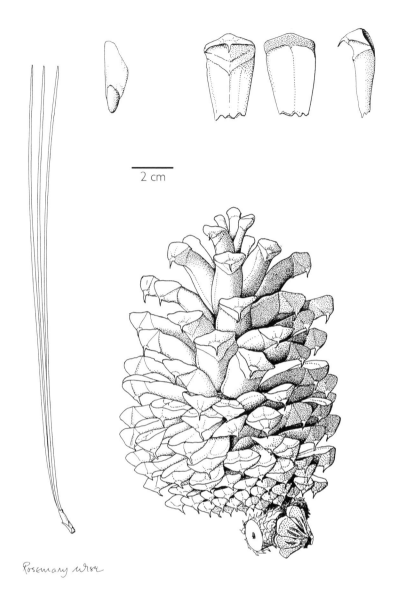

2 cm

Rosemary WTSY

<hr />

Notas: Esta descripción no incluye los árboles de los EE.UU., donde los árboles de la Sierra Nevada pueden ser mucho más grandes y tener conos más grandes y una corteza de color café-rojizo.

Especies afines: Martínez (1948) confundió los árboles de esta especie en Baja California en parte con *P. ponderosa* (No. 9), la cual no ocurre ahí. Para algunos autores conservadores, *P. jeffreyi* es clasificada como una variedad de *P. ponderosa*, pero ahora es aceptada generalmente como una especie distinta.

⓬ Pinus engelmannii

Pinus engelmannii Carrière

Nombre local: Pino real

Hábito de crecimiento, tronco: árbol de tronco recto, de hasta 20–25(–30) m de alto y 70–90 cm de d.a.p.

Corteza: gruesa en el tronco, escamosa, dividida en placas largas e irregulares, con fisuras anchas, poco profundas y obscuras, por dentro de color café y por fuera de color gris obscuro.

Ramillas: robustas, muy rugosas con grandes y persistentes bases de las hojas (de los fascículos); fascículos extendidos o ligeramente caídos, persistiendo por 2–3 años.

Acículas: de color verde-grisáceo, en fascículos de (2–)3(–4), raro 5, de (18–)20–35 cm de longitud y 1,5–2,0 mm de ancho, rectas, rígidas o ligeramente laxas; vainas de los fascículos persistentemente largos, de (15–)25–35(–40) mm, cuando estan jóvenes tienen resina.

Conos: en verticilos de 2–5, aparentemente sésiles, ovoide-oblongos, curvos, de 8–15 × 6–10 cm cuando abren, dejan algunas escamas basales cuando caen.

Escamas del cono: 100–140, abriendo gradualmente, gruesas; apófisis levantadas de forma prominente, transversalmente aquilladas, con frecuencia recurvadas y ligeramente más desarrolladas en un lado del cono, de color amarillento y con el tiempo se tornan café; umbo grande con una espina curvada y persistente.

Semillas: de 5–8 × 4–4,5 mm, frecuentemente con puntos obscuros, con ala articulada de 18–25 × 7–10 mm de color café-amarillento, translúcida.

Hábitat: en pinares y bosques de pino-encino montañosos, hasta de alta montaña y bosques de pino-encino o montes con vegetación más abierta, en varios tipos de suelo.

Distribución: MÉXICO: principalmente en la Sierra Madre Occidental: Sonora, Chihuahua, noreste de Sinaloa, Durango con una población disyunta en Zacatecas; también se extiende dentro de los EE.UU. (Arizona y Nuevo Mexico).

Altitud: (1200–)1500–2700(–3000) m, más abundantemente entre 2000–2500 m.

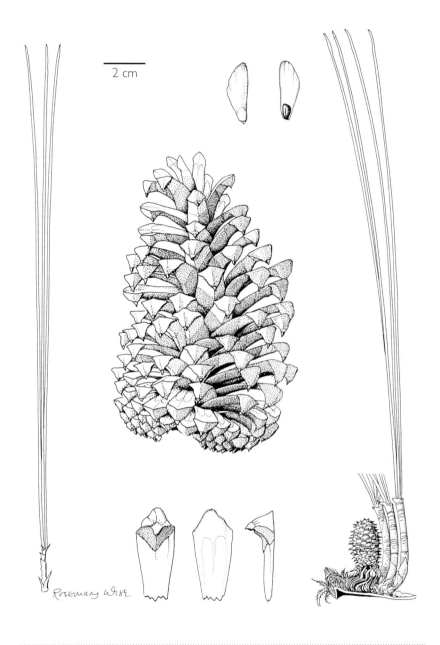

Notas: En la Sierra Madre Occidental es la única especie de pino con fascículos muy largos y hojas muy gruesas y largas.

Especies afines: *Pinus arizonica* (No. 10) y *P. ponderosa* (No. 9), son especies que se encuentran relacionadas, pero estas tienen ramillas menos robustas, sobre todo la vaina de los fascículos, acículas y conos.

⑬ Pinus hartwegii

Pinus hartwegii Lindley

Sinónimos: *P. donnell-smithii* M.T. Masters, *P. rudis* Endlicher

Nombres locales: Ocote, Pino

Hábito de crecimiento, tronco: árbol de tronco recto y copa estrecha con las ramas más viejas péndulas, de hasta 25–30 m de alto y 80–100 cm de d.a.p., aunque se aprecia enano cuando se lo encuentra en el límite de la vegetación arbórea.

Corteza: gruesa en el tronco, muy rugosa y escamosa, dividida en pequeñas o grandes placas, profundamente fisurada, de color café obscuro a gris.

Ramillas: robustas, rígidas, dirigidas hacia arriba, rugosas con la base de las hojas (de los fascículos) persistente, de color glauco, algunas veces de color café-purpuráceo; las acículas muy densas, extendidas, persistiendo por 2(–3) años.

Acículas: de color verde grisáceo, en fascículos de (3–)4–5(–6), más comúnmente 5, de (6–)10–17(–22) cm de longitud, de (1–)1,2–1,5 mm de ancho, rectas o curvadas, rígidas.

Conos: solitarios o en verticilos de 2–3(–6), aparentemente sésiles, deciduos, oblicuamente ovoides, de 8–12(–14) × 5–8 cm cuando abren.

Escamas del cono: 150–200, abriendo pronto, delgadas y flexibles o más rígidas, frecuentemente recurvadas hacia la base, ampliamente extendidas; apófisis más o menos lisas, y débil transversalmente aquilladas, de color café o con más frecuencia café-purpuráceo, con umbo negruzco, liso o deprimido (ocasionalmente un poco levantado).

Semillas: de 5–6 mm de longitud, con frecuencia muestran puntos negros, ala articulada de 12–20 × 7–12 mm.

Hábitat: este es el verdadero pino de las grandes alturas de México y Guatemala, donde con frecuencia forma extensos bosques de pino de una sola especie hacia el límite de la vegetación arbórea. En suelos profundos de arenas volcánicas con pastizal amacollado de *Muhlenbergia* spp. Frecuentemente los pinares de esta especie se encuentran atacados por plantas hemiparásitas *Phoradendron* spp. y/o *Arceuthobium* spp. o por insectos descortezadores del género Dendroctonus. En Honduras es raro, se encuentra únicamente en las cumbres más altas mezclado con otras coníferas. Esta clase de bosques también existe en Guatemala y México.

Distribución: MÉXICO: localizado en Chihuahua, sur de Coahuila, sur de Nuevo León, Durango, suroeste de Tamaulipas, localizado en Jalisco, Michoacán, México, Morelos, Hidalgo, D.F., Tlaxcala, Puebla, oeste de Veracruz, localizado en Guerrero, Oaxaca, Chiapas; GUATEMALA: en las tierras altas; HONDURAS.

Altitud: (2300–)2500–4000(–4300) m.

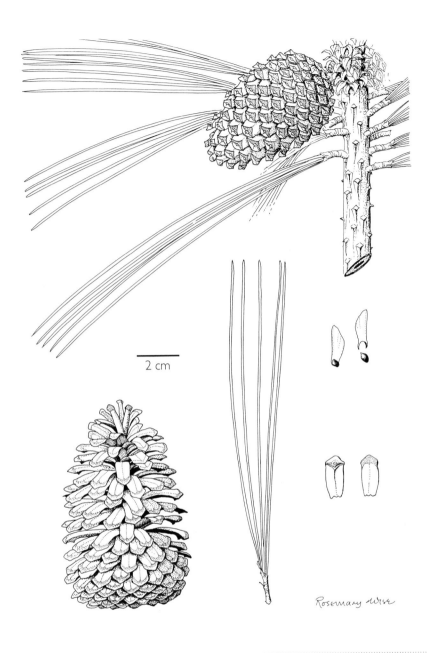

2 cm

Rosemary Wise

Notas: En algunos reportes *P. rudis* aún se mantiene como una especie distinta, pero investigaciones detalladas han demostrado que pinos con caracteres atribuidos a esa especie caben perfectamente dentro del rango de variación existente en *P. hartwegii.*

Especies afines: En el límite inferior (altitudinal) de *P. hartwegii* en México es con frecuencia reemplazado por *P. montezumae* (No. 15), es posible que ambas especies estén relacionadas, sin embargo no parecen hibridizar facilmente.

⑭ Pinus pseudostrobus

Pinus pseudostrobus Lindl. var. *pseudostrobus*

Sinónimos: *P. pseudostrobus* var. *estevezii* Martínez; *P. pseudostrobus* var. *coatepecensis* Martínez; *P. nubicola* J. P. Perry; *P. yecorensis* Debreczy & Rácz

Nombres locales: Pino blanco, Pino chalmaite, Pino lacio, Pino liso.

Hábito de crecimiento, tronco: árbol de tronco recto, de hasta 20–40(–45) m de alto y 80–100 cm de d.a.p.

Corteza: gruesa en el tronco, escamosa, con placas alargadas y fisuras longitudinales profundas, de color café obscuro o café-gris.

Ramillas: delgadas, lisas, con las bases de las hojas (de los fascículos) pequeñas y decurrentes, siendo glaucas primero; con fascículos extendidos o más frecuentemente fláccidos hasta casi péndulos; persistiendo por 2–3 años.

Acículas: en fascículos de 5, raro 4 ó 6, de (18–)20–30(–35) cm de longitud y de 0,8–1,3 mm de ancho, rectas, laxas, raro más rígidas.

Conos: solitarios o en pares, más raro en verticilos de 3–4, en pedúnculos cortos y robustos, dejando algunas escamas basales en la ramilla cuando caen, de 7–16 × 6–13 cm cuando abren, variables, por lo general asimétricamente ovoides.

Escamas del cono: 140–190, abriendo gradualmente, por lo general gruesas y lignificadas; apófisis de ligera a fuertemente levantadas, sobre todo en un lado del cono, transversalmente aquilladas, de color café opaco que con el tiempo se vuelve grisáceo; umbo obtuso.

Semillas: 5–7 × 3–4,5 mm, con ala articulada de 20–25 × 7–10 mm, cubriendo parte de un lado de la semilla.

Hábitat: montano hasta de altas montañas en pinares y bosques de pino-encino; esta especie es muy común y se la encuentra mezclada con otras especies de pino o con otras coníferas.

Distribución: principalmente en el Eje Volcánico Transversal (centro de México) y hacia el sur hasta el oeste de Honduras, hacia el norte existen poblaciones disyuntas en Sinaloa/Durango así como en el sureste de Coahuila/Nuevo León.

Altitud: (850–)1900–3000(–3250) m.

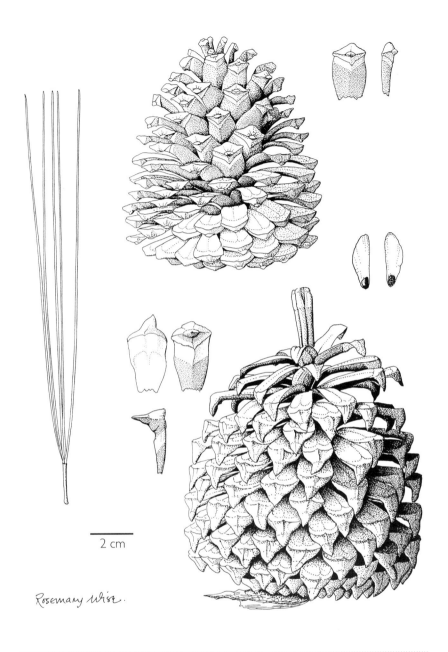

2 cm

Rosemary Wise.

Especies, subespecies o variedades afines: Debido a la variabilidad que presenta han sido descritas varias especies y variedades, de las cuales solamente una es digna de considerarse y es *P. pseudostrobus* var. *apulcensis* (Lindley) Shaw (sinónimos: *P. oaxacana, P. pseudostrobus* var. *oaxacana*). La diferencia consiste en que las escamas del cono tienen muy alargados las apófisis y los umbos, pero estos caracteres son muy variables y hasta llegan a un punto donde no se pueden distinguir de los conos de la *P. pseudostrobus* "típica". Para información más detallada consultar Farjon (1995) sobre nomenclatura y Farjon & Styles, Flora Neotropica, Monografía 75.

Pinus montezumae

15

Pinus montezumae A. B. Lambert var. *montezumae*

Sinónimos: *P. montezumae* var. *lindleyi* J.C. Loudon; *P. montezumae* var. *mezambrana* Carvajal

Nombres locales: Ocote, Ocote blanco, Pino de Montezuma, Pino real

Hábito de crecimiento, tronco: árbol de tronco recto, de hasta 20–30 m de alto y 100 cm de d.a.p., frecuentemente con ramas persistentes.

Corteza: gruesa en el tronco, escamosa, rompiéndose en numerosas, pequeñas e irregulares placas divididas por fisuras poco profundas, de color café obscuro a gris-negruzco.

Ramillas: de delgadas a gruesas, rugosas con las bases de las hojas (de los fascículos) persistentes, de color café, brotes nuevos ocasionalmente glaucos; fascículos extendidos o un poco fláccidos, persistiendo de 2–3 años.

Acículas: en fascículos de (4–)5, raro 3 ó 6, las vainas de los fascículos de (20–)25–35 mm de longitud y 1,5–2,5 mm de ancho, acículas de (15–)20–35(–40) cm de longitud y 1,0–1,3 mm de ancho, rectas, laxas o más rígidas.

Conos: solitarios o en verticilos de 3–6 en pedúnculos cortos y sólidos, dejando algunas escamas basales cuando caen, de 8-20 × 5–10 cm cuando abren, variables, generalmente dos veces más largos que anchos, curvados.

Escamas del cono: 175–250, abriendo gradualmente, delgadas hasta gruesas y lignificadas, rígidas, apófisis levantadas, especialmente en las escamas basales, transversalmente aquilladas, umbo variable sin espina.

Semillas: 5–7 × 4–5 mm, con ala articulada de 18–28 × 7–12 mm, el ala y la semilla son de color café claro con manchas más obscuras.

Hábitat: montañoso hasta de altas montañas en pinares y bosques de pino-encino; este pino es más abundante en zonas de clima templado cálido.

Distribución: MÉXICO: en Nuevo León, suroeste de Tamaulipas, Nayarit, sur de Zacatecas, Jalisco, Michoacán, México, D.F., Querétaro, Hidalgo, Morelos, Tlaxcala, Puebla, centro de Veracruz, Guerrero, Oaxaca y Chiapas; GUATEMALA: tierras altas.

Altitud: (1200–)2000–3200(–3500) m.

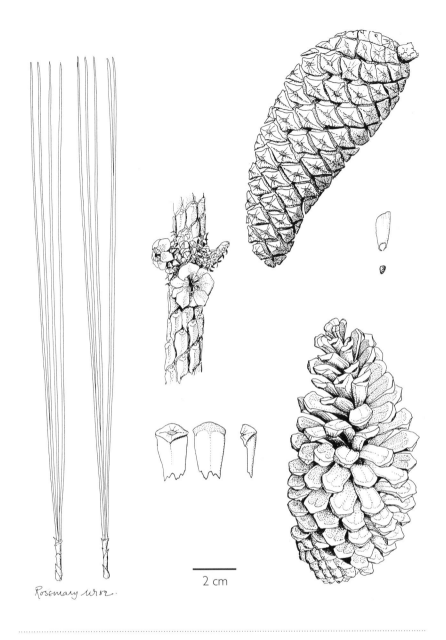

Rosemary 1982.

2 cm

Notas: Debido a lo amplio de su distribución es una especie variable, la cual puede hibridizar con especies afines.

Especies, subespecies o variedades afines: *Pinus montezumae* y *P. devoniana* (No. 16) están separadas principalmente por caracteres continuos como el tamaño de las acículas y del cono. Hay muchos árboles que tienen acículas y/o conos "intermedios". Nosotros seguimos separándolas solo porque pensamos que pueden ser descubiertas verdaderas diferencias genéticas. Una variedad: *P. montezumae* var. *gordoniana* (G. Gordon) Silba, tiene las hojas delgadas y laxas de 0,8–1,0 mm de ancho y conos oblongos, apófisis planas y frecuentemente suaves.

Pinus devoniana

16

Pinus devoniana Lindley

Sinónimos: *P. michoacana* Martínez; *P. michoacana* var. *cornuta* Martínez; *P. michoacana* var. *quevedoi* Martínez

Nombres locales: Pino blanco, Pino lacio, Pino prieto

Hábito de crecimiento, tronco: árbol de tamaño medio, con el tronco recto, algunas veces de hasta 20–30 m de alto y 80–100 cm de d.a.p., frecuentemente con pocas ramas pero persistentes.

Corteza: gruesa en el tronco, escamosa, con placas alargadas divididas por fisuras profundas, de color café con fisuras más obscuras.

Ramillas: muy gruesas (15–20 mm), curvadas hacia arriba, muy rugosas con largas bases de las hojas (de los fascículos) generalmente solo se desarrolla una ramilla por verticilo; fascículos ampliamente extendidos o ligeramente fláccidos, persistiendo 2–3 años.

Acículas: en fascículos de 5, raro 4 ó 6, vainas de los fascículos muy largas, de hasta 40 mm, resinosas, acículas muy largas de (17–)25–40(–45) cm de longitud y 1,1–1,6 mm de ancho, de color verde brilloso.

Conos: solitarios o en verticilos de 2–4, en pedúnculos gruesos y cortos, caen el año en que sueltan las semillas dejando algunas escamas en la ramilla, generalmente largos, frecuentemente curvos, de 15–35 × 8–15 cm cuando abren.

Escamas de cono: 175–225, abriendo gradualmente, gruesas y lignificadas, apófisis levantadas y transversalmente aquilladas, hasta de 25 mm de ancho, umbo plano y sin espina.

Semillas: 8–10 × 5–7 mm, con ala articulada de 25–35 × 10–15 mm.

Hábitat: en bosques de pino o de pino-encino montañosos y relativamente abiertos (secundarios); esta es una especie más pionera que *P. montezumae,* y aparece frecuentemente con *P. oocarpa* en áreas de disturbio.

Distribución: MÉXICO: en Nayarit, Jalisco, Zacatecas, Aguascalientes, San Luis Potosí, Querétaro, Hidalgo, Michoacán, México, D.F., Morelos, Tlaxcala, Puebla, Veracruz, Guerrero, Oaxaca y Chiapas; GUATEMALA: en las tierras altas del sur.

Altitud: (700–)900–2500(–3000) m.

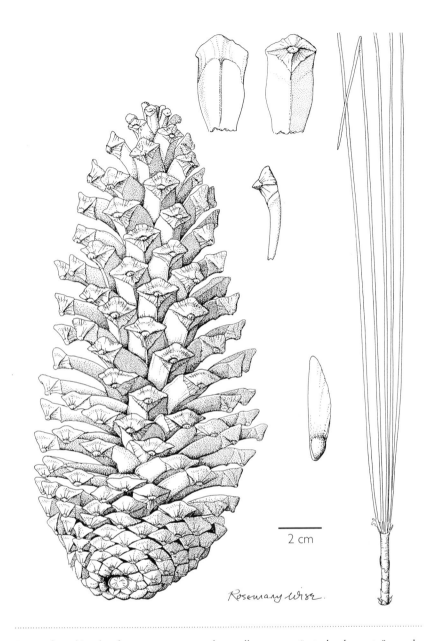

Rosemary Wise.

Notas: las plántulas frecuentemente se desarrollan en un "estado de pasto" con lo que retardan el desarrollo del tallo como una adaptación para sobrevivir a los frecuentes incendios.

Especies, subespecies o variedades afines: Esta especie es muy cercana a *P. montezumae* (No. 15) y también a *P. pseudostrobus* (No. 14), las primeras dos son a veces difíciles de distinguir. Probablemente existen híbridos. Los conos son muy variables, lo que hizo a Martínez describir algunas variedades y formas, esto se debió probablemente al limitado conocimiento de la variación en y entre las poblaciones, ya que el grado de variación se traslapa entre unas y otras (ver Farjon & Styles, Flora Neotropica, Monografía 75). Por lo general follaje y conos son más grandes en *P. devoniana*.

⓱ Pinus douglasiana

Pinus douglasiana Martínez

Nombres locales: Ocote, Pinabete, Pino blanco, Pino hayarín, Pino real

Hábito de crecimiento, tronco: árbol de tronco recto, de hasta 20–45 m de alto y 80–100 cm de d.a.p.

Corteza: gruesa en el tronco, escamosa, dividida en largas e irregulares placas y fisuras profundas, de color café-rojizo que con el tiempo se vuelve gris-café.

Ramillas: rugosas, con prominentes pero no persistentes bases de las hojas (de los fascículos), de color café obscuro o gris obscuro; fascículos extendidos y un poco fláccidos, persistiendo 2–2.5 años.

Acículas: en fascículos de 5, raro 4 ó 6, de 22–35 cm de longitud y 0,7–1,2 mm de ancho, rectas, laxas o en algunas ocaciones más rígidas.

Conos: solitarios o en verticilos de 3–4, en pedúnculos fuertes y recurvados que caen junto con el cono, ovoide-oblongos, con frecuencia ligeramente curvados, de 7–10(–14) × 5–7(–12) cm cuando abren.

Escamas del cono: 110–130, abriendo pronto, rígidas, lignificadas; apófisis generalmente levantada o en ocasiones plana y transversalmente aquillada, con el umbo obtuso.

Semillas: 4–5 × 3–3,5 mm, frecuentemente con puntos obscuros; ala articulada de 18–24 × 7–9 mm, translúcida.

Hábitat: pinares, y bosque de pino-encino de montaña, en zonas moderadamente calientes a templadas.

Distribución: MÉXICO: principalmente en Jalisco, Michoacán, México y norte de Morelos, extendiéndose hasta el norte de Nayarit y la zona limítrofe entre Sinaloa y Durango, también localizada en Guerrero y Oaxaca.

Altitud: (1100–)1400–2500(–2700) m.

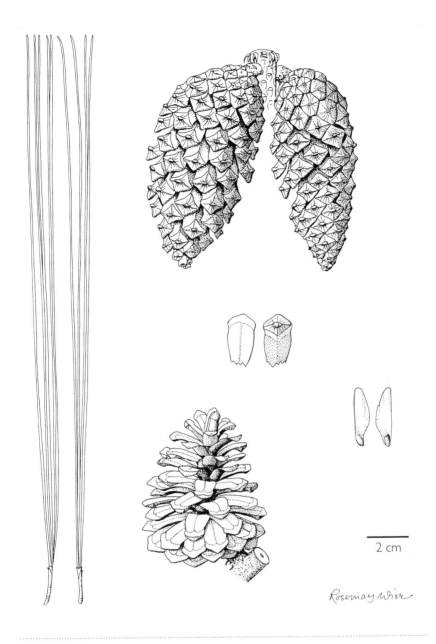

2 cm

Rosemay Wise

....

Notas: Un carácter bueno, pero microscópico es observado al analizar la acícula en la parte media de la sección transversal y vista en un microscopio de luz (a 50x): gruesas intrusiones de células de la endodermis atraviesa el cilindro central que contiene el tejido vascular (ver Farjon & Styles, Flora Neotropica, Monografía 75; también Martínez, 1948).

Especies afines: Esta especie está estrechamente relacionada con *P. pseudostrobus* (No. 14), pero sus conos son más pequeños y tiene el carácter microscópico mencionado anteriormente, que lo distingue. Una especie similar es *P. maximinoi* (No. 18), la cual tiene conos con escamas más numerosas, y muy delgadas y recurvadas.

⑱ Pinus maximinoi

Pinus maximinoi H. E. Moore

Sinónimos: *P. tenuifolia* Bentham

Nombres locales: Ocote, Pino canís

Hábito de crecimiento, tronco: árbol de tronco recto, de hasta 20–40(–50) m de alto y 70–100 cm de d.a.p.

Corteza: gruesa en la parte baja del tronco, con placas y fisuras longitudinales, de color café-grisáceo.

Ramillas: delgadas, rugosas con prominentes bases de las hojas (de los fascículos), de color verde o café claro, raro glaucas; fascículos fláccidos, algunas veces péndulos, persistiendo 2–2.5 años.

Acículas: en fascículos de 5, raro 4 ó 6, de 20–35 cm de longitud y 0,6–1,0(–1,1) mm de ancho, laxas.

Conos: solitarios o en pares, en pedúnculos curvos que caen junto con los conos, ovoides con una base oblicua, de (4–)5–10(–12) × (3–)4–8 cm cuando abren.

Escamas del cono: 120–160, abriendo pronto y por lo general recurvadas o reflejadas hacia la base del cono, delgadas y flexibles; apófisis lisa o ligeramente levantada, de color café claro con umbo levantado y más obscuro.

Semillas: de 4–6 × 3–4 mm, con ala articulada de 13–22 × 4–8 mm, generalmente de color más claro que la semilla.

Hábitat: principalmente montañoso, en bosques de pino o de pino-encino. Esta especie se comporta también como pionera en los claros de los bosques húmedos subtropicales y bosques de neblina en Mesoamérica. A bajas altitudes se desarrolla en pinares estacionalmente secos con *P. oocarpa*.

Distribución: principalmente en la mitad sur de México, a partir del Eje Volcánico Transversal hasta Guatemala, Honduras, El Salvador y noroeste de Nicaragua. Una población disyunta es conocida en Sinaloa en México.

Altitud: de 600–2800 m, en el noroeste de su rango de 1500–2800 m.

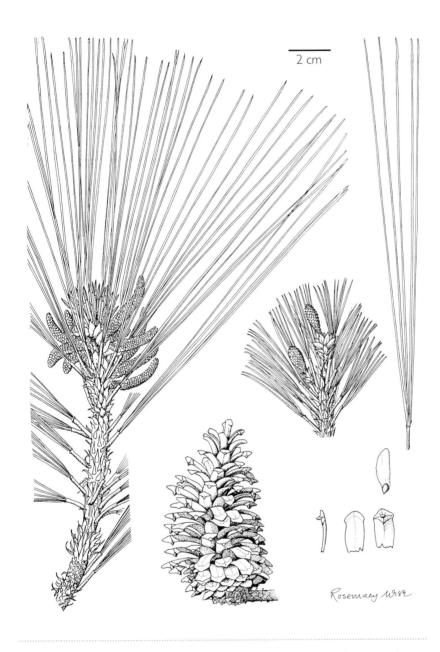

2 cm

Rosemary Wise

....

Notas: Esta especie es notable por sus acículas largas, delgadas y laxas, por lo que fue nombrada como *P. tenuifolia* por George Bentham. El nombre ya había sido usado para designar un pino de los Himalayas, por lo tanto tuvo que ser cambiado.

Especies afines: *Pinus maximinoi* se ha considerado como parte de un "grupo *P. pseudostrobus*", de pinos estrechamente relacionados, dentro del cual la especie con que está más estrechamente relacionada puede ser *P. douglasiana* (No. 17). Se distingue no solamente por lo delgado de sus acículas, ya que es la que las tiene más delgadas, sino también por la gran curvatura de las escamas del cono, que son además más delgadas.

⑲ Pinus lumholtzii

Pinus lumholtzii B. L. Robinson & Fernald

Nombres locales: Ocote dormido, Pino amarillo, Pino barba caída, Pino lacio, Pino llorón, Pino triste.

Hábito de crecimiento, tronco: árbol de tronco recto, de hasta 20 m de alto y 50–70 cm de d.a.p.

Corteza: gruesa en el tronco, escamosa, dividida en alargadas e irregulares placas y profundas fisuras longitudinales, la parte más externa es de color gris obscuro, casi negro.

Ramillas: con ranuras y protuberancias, de color glauco a gris obscuro, las más viejas grises; fascículos separados, muy péndulos, persistiendo 2 años.

Acículas: en fascículos de 3 (excepcionalmente 2 ó 4), de (15–)20–30(–40) cm de longitud y (1–)1,2–1,5 mm de ancho, laxas, de color verde brillante. Vainas de los fascículos de 25–35 mm de longitud en fascículos jóvenes, desintegrándose y cayendo antes de que las acículas alcansen el tamaño definitivo.

Conos: solitarios, ocasionalmente en pares, con pedúnculos curvos, pronto deciduos, de (3–)3,5–5,5(–7) × (2,5–)3–4,5 cm cuando abren, más anchos cerca de la base.

Escamas del cono: 70–90, abriendo gradualmente, gruesas y lignificadas; apófisis con fisuras concéntricas alrededor del umbo, ligeramente levantadas siendo más gruesas cerca de la base del cono, con un umbo obscuro y obtuso.

Semillas: de 3–5 mm de longitud, de color café obscuro, frecuentemente con puntos negros, con ala articulada de 10–14 × 4–6 mm, de color más claro que la semilla.

Hábitat: más comúnmente montañoso en bosques de pino-encino, además en bosques mixtos de pino, en laderas más húmedas de la Sierra Madre Occidental y en otras montañas. En ocasiones este pino se lo encuentra en bosques algo secos con suelos pobres y delgados de *P. cembroides*.

Distribución: MÉXICO: principalmente en la Sierra Madre Occidental, en Chihuahua, Sinaloa, Durango, Nayarit, Jalisco, Zacatecas, Aguascalientes y Guanajuato.

Altitud: (1500–)1700–2600(–2900) m.

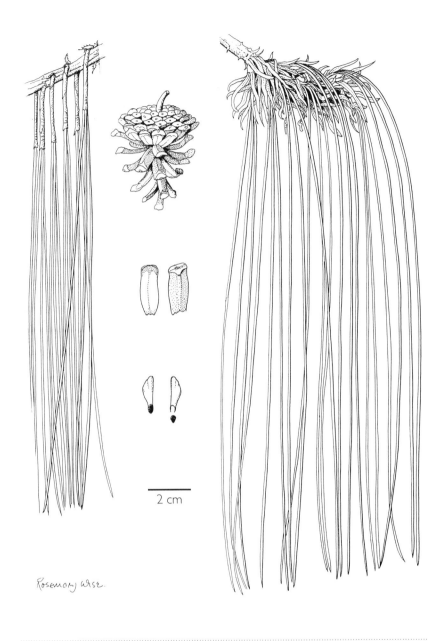

Rosemary Wise.

2 cm

....

Notas: El follaje extremadamente péndulo, junto con lo deciduo de las escamas cafés de la vaina de los fascículos, distinguen fácilmente esta especie.

Especies similares o afines: La única otra especie de los "pinos duros" con las escamas de la vaina deciduas es *P. leiophylla* (No. 1), pero esta especie difiere en que sus hojas son mucho más cortas y no son péndulas, además de otros caracteres de los conos (y otros), lo cual indica que estas dos especies no están estrechamente relacionadas (ver Farjon & Styles, Flora Neotropica, Monografía 75).

⑳ Pinus oocarpa

Pinus oocarpa Schlechtendal var. *oocarpa*

Sinónimos: *P. oocarpa* var. *manzanoi* Martínez

Nombres locales: Ocote chino, Pino chino, Pino colorado, Pino prieto, Pino tepo

Hábito de crecimiento, tronco: árbol de tronco recto o tortuoso, de hasta 30–35 m de alto y 100–125 cm de d.a.p.

Corteza: gruesa en el tronco, escamosa, desprendiéndose en pequeñas o grandes placas longitudinales, con fisuras poco profundas, de color café-rojizo a gris-café.

Ramillas: rugosas con las bases de las hojas (de los fascículos) de color café-rojizo; fascículos extendidos o ligeramente fláccidos, persistiendo de 2–3 años.

Acículas: en fascículos de 5 (algunas veces 3 ó 4 en árboles que tienen principalmente 5), de (17–)20–25(–30) cm de longitud y 0,8–1,4 mm de ancho, rectas, más frecuentemente rígidas.

Conos: solitarios o en verticilos de 2–3(–4), en pedúnculos fuertes y curvos, persistiendo por varios años, ampliamente ovoides a subglobosos cuando están cerrados, con la base aplanada y midiendo de 3–8(–10) × 3–9(–12) cm cuando están abiertos.

Escamas del cono: 70–130, abriendo lentamente desde la base del cono, gruesas y lignificadas; apófisis casi lisas o ligeramente levantadas especialmente en las escamas de la base, de color café claro, con el umbo obtuso.

Semillas: 4–8 × 3–4,5 mm, de color gris, frecuentemente con puntos negros; ala articulada de 8–18 × 4–8 mm, de color café-grisáceo.

Hábitat: vive en una gran variedad de tipos de bosques. En Mesoamérica *P. oocarpa* es frecuentemente la única especie en los ampliamente distribuidos bosques abiertos de pino, en México se encuentra también en pinares y bosques de pino-encino abiertos desde las colinas bajas hasta las grandes cadenas montañosas. Los incendios son frecuentes en los bosques donde *P. oocarpa* predomina.

Distribución: del noroeste de México (Sierra Madre Occidental) hasta Guatemala, Honduras, El Salvador y el noroeste de Nicaragua.

Altitud: (200–)500–2300(–2700) m.

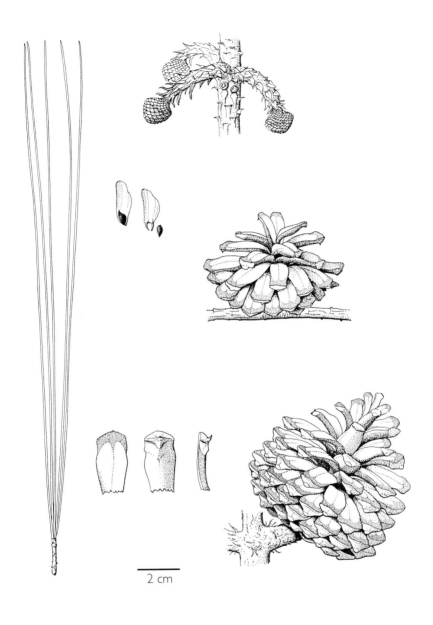

2 cm

Notas: *Pinus oocarpa* generalmente retiene los conos por varios años después de que las semillas han caído, consecuentemente los árboles por lo general dan la apariencia de estar llenos de conos.

Especies, subespecies o variedades afines: Naturalmente, una especie con tan grande distribución suele variar. Una variedad botánica, la cual tiene consistentemente solo 3 hojas en sus fascículos y que se desarrolla en suelos pobres y poco profundos (permaneciendo como pequeños árboles), es reconocida aquí como: *P. oocarpa* var. *trifoliata* Martínez.

㉑ Pinus praetermissa

Pinus praetermissa Styles & McVaugh

Sinónimos: *P. oocarpa* var. *microphylla* G.R. Shaw

Nombres locales: Pino chino, Pino prieto

Hábito de crecimiento, tronco: árbol de tronco curvo o tortuoso algunas veces ramificado desde abajo, de hasta 10–15 (-20) m de alto y 30 cm de d.a.p.

Corteza: relativamente delgada, rugosa y escamosa, rompiéndose en placas irregulares y delgadas y fisuras longitudinales, de color gris-café.

Ramillas: delgadas, suaves, con las bases de las hojas (de los fascículos) pequeñas y caedizas, pronto escamosas, de color café-rojizo a grisáceo; con fascículos extendidos, persistiendo 3 años.

Acículas: en fascículos de (4–)5, de (8–)10–16 cm de longitud y 0,5–0,8 mm de anchos, delicadas y laxas.

Conos: comúnmente solitarios, algunas veces en pares, en pedúnculos delgados y recurvados, deciduos, abriendo pronto, ampliamente ovoides a subglobosos cuando están cerrados, de (4–)5–6,5(–7) × (5–)6–8 cm cuando abren, frecuentemente perdiendo las escamas basales cuando están todavía en el árbol.

Escamas del cono: 100–120, abriendo pronto, delgadas y lignificadas pero rígidas; apófisis plana o ligeramente levantada, de color café claro lustroso, con umbo obtuso, plano o poco levantado.

Semillas: 5–8 × 3–4 mm, de color gris-negruzco, con ala articulada de 12–18 × 5–8 mm.

Hábitat: bosques secos y abiertos de pino-encino, con frecuencia en lomas rocosas, también en bosques tropicales de latifoliadas en áreas de suelos pobres.

Distribución: MÉXICO: en el sur de Sinaloa, Nayarit y Jalisco; probablemente no se conoce bien.

Altitud: 900–1900 m.

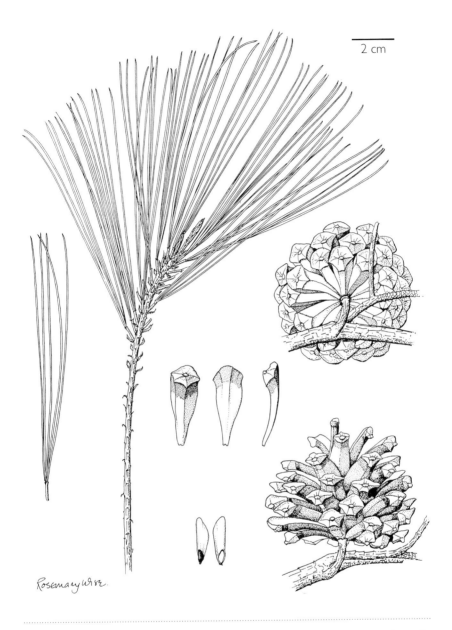

2 cm

Rosemary Wise.

Notas: Esta especie es relativamente poco conocida, debido a que ha sido confundida con frecuencia con *P. oocarpa* (No. 20) y por lo tanto no ha sido colectada. Recolecciones más críticas podrían resultar en un mejor conocimiento de su distribución y hábitat.

Especies, subespecies o variedades afines: *Pinus praetermissa* fue descrita como una variedad de *P. oocarpa* principalmente porque la forma de los conos es muy similar. Esta es, sin embargo bastante distinta (ver Farjon & Styles, Flora Neotropica, Monografía 75). Buenas características para distinguirlas en el campo son las acículas muy delgadas, el hecho de que los conos caigan pronto y las escamas basales que con frecuencía son ausentes en los conos caídos.

㉒ Pinus patula

Pinus patula Schlechtendal & Chamisso var. *patula*

Nombres locales: Ocote, Peinador de neblinas, Pino, Pino colorado, Pino lacio, Pino triste.

Hábito de crecimiento, tronco: árbol de tronco recto, de hasta 35–40 m de alto y 90–100 cm de d.a.p.

Corteza: gruesa en el tronco, escamosa, placas grandes y alargadas que se desprenden con facilidad, fisuras longitudinales y profundas, de color gris-café obscuro; en las ramas y la parte superior del tallo con escamas caedizas de color café-rojizo.

Ramillas: frecuentemente multinodales, con prominentes bases de las hojas (de los fascículos) de color amarillento a café-rojizo, haciéndose escamosas pronto; fascículos fláccidos en dos lados del brote, persistiendo por 2–3 años.

Acículas: en fascículos de 3–4(–5), de (11–)15–25(–30) cm de longitud y 0,7–0,9 (–1) mm de ancho, rectas, laxas.

Conos: solitarios o en verticilos principalmente de 2 o muchos, casi sésiles, persistentes, estrechamente ovoides u oblongos cuando están cerrados, con la base asimétrica, de 5–10(–12) × (3–)4–6,5 cm cuando abren, de color café-amarillento tornándose grises con la edad.

Escamas del cono: 100–150, quedando parcialmente cerradas o abriendo lentamente, rígidas; apófisis desde casi planas hasta ligeramente levantadas, más levantadas en las escamas basales, de color café-amarillento, por lo general con el umbo plano.

Semillas: 4–6 × 2–4 mm, de color obscuro, con ala articulada de color más claro 12–18 × 5–8 mm.

Hábitat: en áreas montañosas con clima muy húmedo, subtropical a templado-caliente, en bosques mixtos de pino o de pino-encino; en las laderas de las montañas de exposición hacia el Atlántico esta especie se asocia también con *Liquidambar* y otros árboles latifoliados.

Distribución: MÉXICO: en Tamaulipas, Querétaro, Hidalgo, México, D.F., Morelos, Tlaxcala, Puebla, Veracruz, Oaxaca y Chiapas.

Altitud: (1400–)1800–2800(–3300) m.

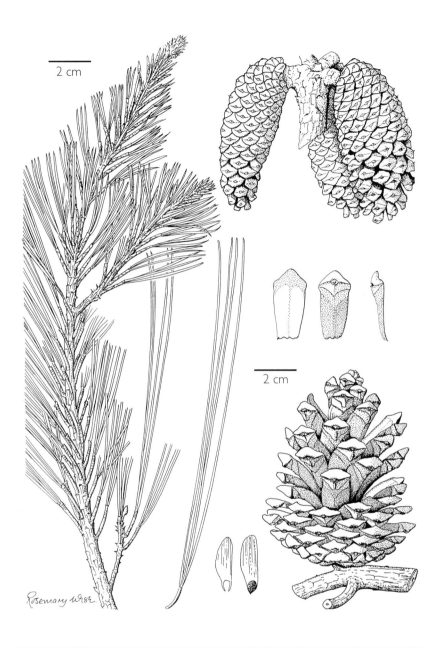

2 cm

2 cm

Rosemary 1982

Especies, subespecies o variedades afines: *Pinus patula* está relacionada con *P. oocarpa* (No. 20), *P. tecunumanii* (No. 24) y *P. jaliscana* (No. 23), algunas de las cuales han sido clasificadas como subespecies o variedades de ella. Nosotros tratamos estos pinos como especies distintas y aceptamos a *P. patula* var. *longipedunculata* Martínez como una variedad. Tiene diferentes pedúnculos y los conos no se encuentran agrupados, los cuales caen después de pocos años en las ramas.

㉓ Pinus jaliscana

Pinus jaliscana Pérez de la Rosa

Sinónimos: *P. macvaughii* Carvajal

Nombres locales: Ocote, Pino

Hábito de crecimiento, tronco: árbol de tronco recto, de hasta 25–35 m de alto y 60–100 cm de d.a.p.

Corteza: gruesa en la parte baja del tronco, escamosa, con placas alargadas e irregulares, y fisuras poco profundas, interiormente la corteza es de color café-rojizo y por la parte de afuera de color gris-café.

Ramillas: suaves, con pequeñas y pronto caedizas bases de las escamas de las hojas (de los fascículos); fascículos extendidos o ligeramente fláccidos, persistiendo por 2–3 años.

Acículas: en fascículos de (4–)5, raro 3, de 12–18(–22) cm de longitud y (0,5–)0,6–0,8 mm de ancho, rectas, laxas, de color verde claro.

Conos: solitarios o en verticilos de 2–3, en pedúnculos curvos, deciduos, ovoide-oblongos, frecuentemente con la base oblicua cuando están cerrados, de (4,5)6–8,5 (–9,8) × 4–5(–6) cm cuando abren.

Escamas del cono: 90–115, abriendo gradualmente pero con frecuencia quedan cerradas cerca de la base del cono; apófisis ligeramente levantadas, con frecuencia más tupidas cerca de la base en un lado del cono, de color café claro; umbo plano u obtuso, de color café claro o gris.

Semillas: 3,5–6 × 2–3,5 mm, con ala articulada de 13–17 × 6–8 mm, de color más claro que la semilla.

Hábitat: pinares o bosques de pino-encino en montañas bajas con *P. maximinoi* y/o *P. oocarpa*, en suelos ácidos.

Distribución: MÉXICO: Jalisco, principalmente en la Sierra de Cuale (Sierra de El Tuito) y algunas montañas vecinas en la parte noroeste de la Sierra Madre del Sur; aún no se conoce bien.

Altitud: 800–1200(–1650) m.

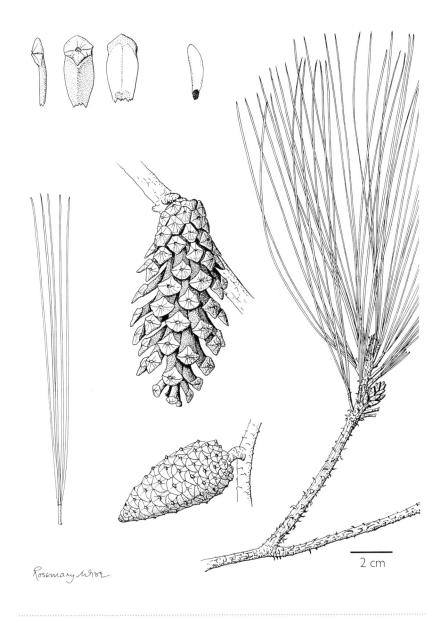

Rosemary Wise

2 cm

....

Notas: Donde *P. jaliscana* crece con *P. oocarpa* o *P. maximinoi*, es posible distinguirla a distancia por el color claro del follaje. Las acículas tienen grandes canales resiníferos septales (vistas al microscopio en sección transversal).

Especies similares o afines: Esta especie ha sido sólo recientemente reconocida y fue primero confundida con *P. herrerae* (No. 4), la cual tiene acículas en fascículos de 3 y conos muy pequeños (máximo 4 cm de longitud). Parece estar relacionada con *P. patula* (No. 22), la cual tiene generalmente las acículas fláccidas y generalmente más largas, además los conos agrupados y persistentes; con *P. tecunumanii* (No. 24), la cual es un pino centroamericano que alcanza hasta Oaxaca. Esta especie tiene las acículas más anchas y rígidas, los conos recuerdan a *P. oocarpa* (No. 20).

㉔ Pinus tecunumanii

Pinus tecunumanii Eguiluz & J. P. Perry

Sinónimos: *P. patula* subsp. *tecunumanii* (Eguiluz & J.P. Perry) Styles; *P. oocarpa* var. *ochoterenae* Martínez

Nombres locales: Ocote, Pino

Hábito de crecimiento, tronco: árbol de tronco recto, de hasta 50–55 m de alto y 120–140 cm de d.a.p., son grandes árboles con el tronco limpio (sin ramas bajas).

Corteza: gruesa en la parte baja del tronco, pronto más delgada más arriba, con escamas pequeñas e irregulares, café-gris obscuro en la parte baja del tronco, de color café-rojizo más arriba.

Ramillas: delgadas, rugosas con las bases de las escamas de las hojas (de los fascículos) caedizas y decurrentes, de color café-rojizo, frecuentemente glaucas; fascículos fláccidos, persistiendo por 2–3 años.

Acículas: en fascículos de 4(3–5), de (14–)16–18 (–25) cm de longitud y de 0,7–1,0(–1,3) mm de ancho, rectas, laxas.

Conos: en verticilos de 2–4, raro solitarios, en pedúnculos largos y curvos, cayendo después de 1–3 años con los pedúnculos, ovoides, con la base redondeada en los conos abiertos, de (3,5–)4–7(–7,5) × (3–)3,5–6 cm cuando abren, de color café claro.

Escamas del cono: 100–140, abriendo gradualmente desde la base del cono hasta el ápice; apófisis levantada, transversalmente aquillada, con el umbo obtuso.

Semillas: 4–7 × 2–4 mm, de color gris obscuro o negruzco, con ala articulada de 10–13 × 4–8 mm, de color gris-café.

Hábitat: en pinares y en bosques mixtos de pino-encino con doseles abiertos a cerrados, de estribaciones a zonas montañosas, en regiones con abundantes lluvias; también en claros de bosques de latifoliadas con *Liquidambar* y otras especies.

Distribución: MÉXICO: Oaxaca, Chiapas, posiblemente en el sureste de Guerrero; más ampliamente distribuida en Guatemala, Belice, Honduras, El Salvador y Nicaragua.

Altitud: (300–)550–2500(–2900) m.

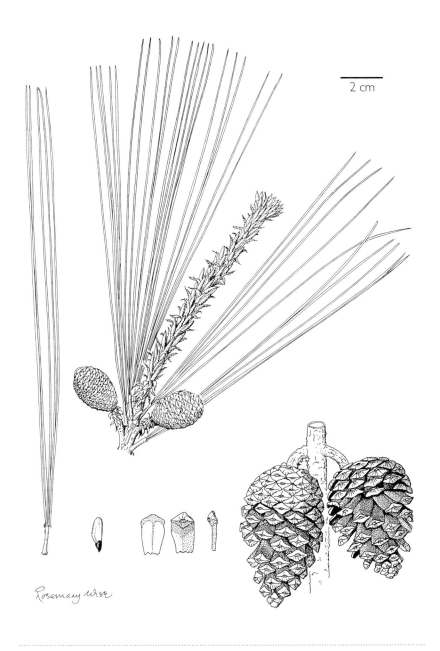

Rosemary Wise

Especies, subespecies o variedades afines: *Pinus tecunumanii* está muy emparentada con *P. patula* (No. 22) y *P. oocarpa* (No. 20). En Centroamérica es frecuentemente considerada como una especie distinta, mientras que en México es muy problamente la especie clasificada por Martínez como *P. oocarpa* var. *ochoterenae*. Los conos de *P. tecunumanii* recuerdan a los de *P. oocarpa*, pero tienen los pedúnculos más delgados, no son más anchos que largos y tienen la base redondeada cuando abren. Ellos caen más pronto que los de otras especies. *Pinus patula* tiene los conos ovoide-oblongos, generalmente casi sésiles cuando maduran. Para más información consultar Farjon & Styles, Flora Neotropica, Monografía 75.

㉕ Pinus durangensis

Pinus durangensis Martínez

Sinónimos: *P. martinezii* E. Larsen

Nombres locales: Ocote, Pino blanco, Pino real

Hábito de crecimiento, tronco: árbol de tronco recto, de hasta 35–40 m de alto y 80–100 cm de d.a.p.

Corteza: gruesa en el tronco, escamosa, rompiéndose en grandes, irregulares y alargadas placas y fisuras poco profundas, de color café volviéndose gris obscuro con el tiempo.

Ramillas: rugosas con las bases de las escamas de las hojas (de los fascículos) persistentes, de color café-anaranjado o café-rojizo, generalmente glaucas; fascículos extendidos o fláccidos, persistiendo por 2–2.5 años.

Acículas: en fascículos de (4–)5–6(–7 raro 8), de 14–24 cm de longitud y 0,7–1,1 mm de ancho, rectas o ligeramente curvadas, laxas o algo rígidas.

Conos: solitarios o en verticilos de 2–4, con pedúnculos cortos, caen sólo después de varios años, de 5–9(–11) × 4–6(–7) cm, ovoides con la base redondeada cuando están completamente abiertos, de color amarillento a café.

Escamas del cono: 90–120, gruesas y lignificadas, abriendo gradualmente; apófisis desde plana hasta levantada, transversalmente aquillada; umbo levantado, ligeramente recurvado, con una pequeña espina.

Semillas: de 5–6 × 4–4,5 mm, con ala articulada de 14–20 × 6–9 mm.

Hábitat: en pinares y bosques de pino-encino de montaña, en suelos someros o profundos; esta especie se la puede localizar formando bosques puros o también con otras especies.

Distribución: MÉXICO: principalmente en el sur de la Sierra Madre Occidental, rara en el este de Sonora y Chihuahua, común en Durango, Zacatecas y norte de Jalisco, más dispersa y escasa en el sur de Jalisco y norte de Michoacán.

Altitud: (1400–)1600–2800(–3000) m.

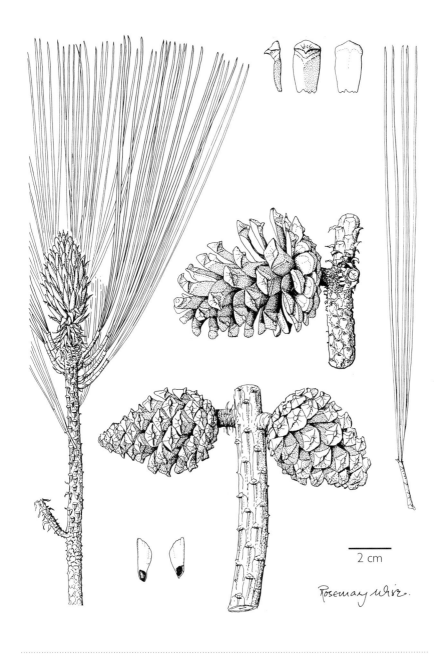

2 cm

Rosemary Wise.

Notas: Árboles de esta especie algunas veces tienen más de 6 acículas en un fascículo. El color de las hojas es variable, es desde verde-amarillento hasta verde-glauco.

Especies similares o afines: *Pinus arizonica* (No. 10), la cual también se encuentra en la Sierra Madre Occidental, tiene conos similares pero acículas más gruesas, rígidas y de color glauco, en fascículos de 3–5. *P. lawsonii* (No. 26) y *P. pringlei* (No. 27) están estrechamente relacionadas, pero se encuentran únicamente en el sur de México. *Pinus teocote* tiene acículas en fascículos de 3 y escamas con umbos planas, no levantados.

㉖ Pinus lawsonii

Pinus lawsonii G. Gordon & Glendinning

Nombres locales: Ocote, Pino chino, Pino ortiguillo

Hábito de crecimiento, tronco: árbol de tronco recto, algunas veces tortuoso, de hasta 25–30 m de alto y 75 cm de d.a.p.

Corteza: gruesa en el tronco, escamosa, con anchas y profundas fisuras longitudinales, por dentro la corteza es de color café-rojizo y por fuera de color café-negruzco.

Ramillas: suaves, con protuberancias, con pequeñas bases de las hojas (de los fascículos), de color café-anaranjado, frecuentemente glaucas; fascículos extendidos, persistiendo por 2–3 años.

Acículas: en fascículos de 3–4(–5), raro 2, 12–20(–25) cm de longitud y 1,0–1,2(–1,5) mm de ancho, rectas, rígidas, de color verde-glauco.

Conos: solitarios o en pares (raro 3), en pedúnculos cortos y robustos, deciduos, de forma ovoide-oblonga, asimétricos o simétricos, de 5–8(–9) × 4–6(–7) cm cuando están abiertos.

Escamas del cono: 70–100, abriendo gradualmente, gruesas y lignificadas, rígidas, haciéndose recurvadas; apófisis ligeramente levantadas, transversalmente aquilladas, con el contorno rómbico, ligeramente café, con el umbo abruptamente levantado y curvado.

Semillas: de 4–5 mm de longitud, de color café obscuro, con ala articulada de 12–16 × 5–6 mm.

Hábitat: en pinares o bosques de pino-encino montañosos. Esta especie generalmente se encuentra dispersa creciendo con otras especies de pino, en lugares arenosos, en suelos pocos profundos o delgados con *Juniperus*.

Distribución: MÉXICO: poco frecuente en el sur de México, en los estados de Michoacán, México, Morelos, D.F., (con una localidad en) Veracruz, Guerrero y Oaxaca.

Altitud: 1300–2600 m.

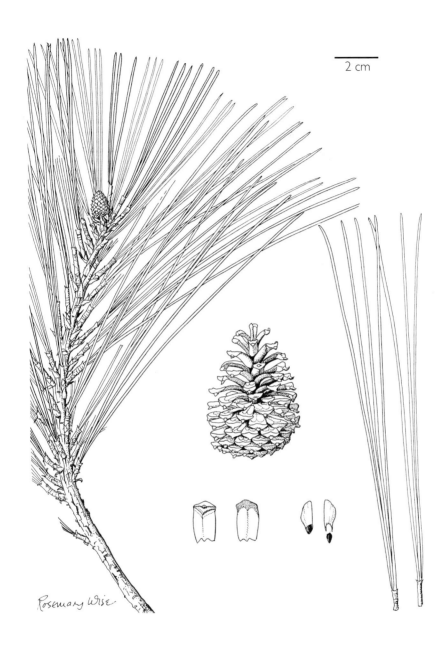

2 cm

Rosemary Wise

Especies similares o afines: Hay varias especies que probablemente están estrechamente relacionadas: *P. durangensis* (No. 25), *P. lawsonii* (No. 26), *P. pringlei* (No. 27) y *P. teocote* (No. 28) (Farjon & Styles, Flora Neotropica, Monografía 75), ya que son similares en muchos caracteres. *P. lawsonii* es similar a *P. durangensis* en sus umbos levantados y en las escamas del cono, pero tiene menos acículas por fascículo. Los umbos de las otras dos especies son planos.

㉗ Pinus pringlei

Pinus pringlei G. R. Shaw

Nombres locales: Ocote, Pino, Pino rojo

Hábito de crecimiento, tronco: árbol de tronco recto, de hasta 20–25 m de alto y 90–100 cm de d.a.p.

Corteza: gruesa en el tronco, escamosa, rompiéndose en pequeñas placas, fisurada, por dentro de color rojo-anaranjado, por fuera de color café-grisáceo, exfoliándose abundantemente en las ramas.

Ramillas: gruesas, suaves y con protuberancias, con los retoños nuevos glaucos, volviéndose con el tiempo de color café-rojizo, con las bases de las hojas (de los fascículos) pronto caedizas; fascículos extendidos que persisten por 2–3 años.

Acículas: en fascículos de 3(–4), de (15–)18–25(–30) cm de longitud y 1,0–1,5 mm de ancho, rectas, rígidas.

Conos: solitarios o en verticilos de 2–4, en pedúnculos cortos y robustos, persistentes, ovoides o ligeramente curvados, de 5–8(–10) × 3,5–6(–7) cm cuando abren.

Escamas del cono: 70–100, abriendo lentamente, permaneciendo cerradas con frecuencia las que se encuentran cerca de la base, gruesas y lignificadas, rígidas; apófisis planas o ligeramente levantadas en un lado del cono, de color café claro, con umbos planos o deprimidos.

Semillas: de 4–6 mm de longitud, de color café obscuro a gris negruzco, con ala articulada de color café claro de 14–18 × 6–8 mm.

Hábitat: pinares y bosques de pino-encino de montaña. Esta especie crece generalmente mezclada con otras especies de pino, en áreas secas y en bosques degradados, frecuentemente con *P. devoniana* y *P. lawsonii*.

Distribución: MÉXICO: en el sur, estados de Michoacán, México, Morelos, Guerrero y Oaxaca, posiblemente en el oeste de Puebla.

Altitud: 1500–2600(–2800) m.

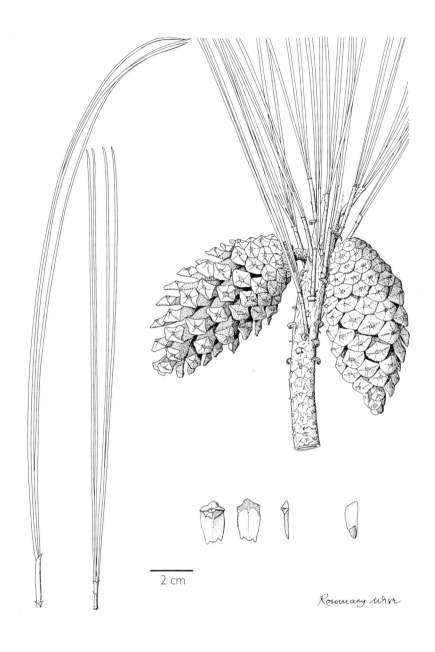

2 cm

Rosemary Wise

Notas: Se ha reportado para esta especie el "estado de pasto" cuando es plántula.

Especies similares o afines: Una especie relacionada y similar es *P. teocote* (No. 28), pero ella tiene más delgadas las ramillas y simétricos y ovoides los conos, de los cuales las escamas abren más rápido y completamente. Las acículas de *P. teocote*, que también están predominantemente en fascículos de 3, son más cortas que las acículas de *P. pringlei*. *P. durangensis* (No. 25) y *P. lawsonii* (No. 26), tienen los umbos levantados (no planos) y más acículas en la mayor parte de los fascículos.

㉘ Pinus teocote

Pinus teocote Schlechtendal & Chamisso

Sinónimos: *P. teocote* var. *macrocarpa* G.R. Shaw [= *P. teocote* forma *macrocarpa* (G.R Shaw) Martínez]

Nombres locales: Ocote, Pino chino, Pino colorado, Pino rosillo, Pino real.

Hábito de crecimiento, tronco: árbol de tronco recto y copa amplia, algunas veces bifurcado, de hasta 20–25 m de alto y 75 cm de d.a.p.

Corteza: gruesa en el tronco, escamosa, con placas longitudinales, fisuras anchas y profundas, por dentro de color café-rojizo y por fuera de color café-grisáceo.

Ramillas: delgadas, escamosas, curvadas hacia arriba, con las bases de las hojas (de los fascículos) prominentes, de color café-anaranjado; fascículos extendidos que persisten durante 2–3 años.

Acículas: en fascículos de 3(2–5), de (7–)10–15(–18) cm de longitud y 1–1,4 mm de ancho, rectas o ligeramente curvadas hacia el ápice de la ramilla, rígidas, de color verde obscuro o verde brillante; las vainas se acortan con la edad notoriamente.

Conos: en pares, algunas veces de 1–3, en pedúnculos cortos y curvos que caen con los conos, los cuales son ovoides y ligeramente asimétricos, persistentes por varios años, de (3–)4–6(–7) × 2.5–5 cm cuando abren.

Escamas del cono: 60–100, abriendo pronto, gruesas y lignificadas, rígidas; apófisis plana a ligeramente levantada, de color café claro, con el umbo más obscuro que la apófisis, plano y obtuso.

Semillas: 3–5 mm de longitud, de color gris-café obscuro, con ala articulada de color más claro, translúcida, de 12–18 × 6–8.

Hábitat: en pinares o en bosques de pino-encino relativemente abiertos, frecuentemente en cordilleras secas y rocosas. Esta especie también se la encuentra mezclada en los bosques de latifoliadas hacia el límite sur de su distribución, en áreas con suelos poco profundos y ocasionalmente calcáreos.

Distribución: MÉXICO: es de distribución amplia, más abundante en la región central de México, rara y muy dispersa en la Sierra Madre Occidental. Reportada para Guatemala pero en investigaciones recientes no ha sido posible confirmar esto.

Altitud: (1000–1500–3000(–3300) m.

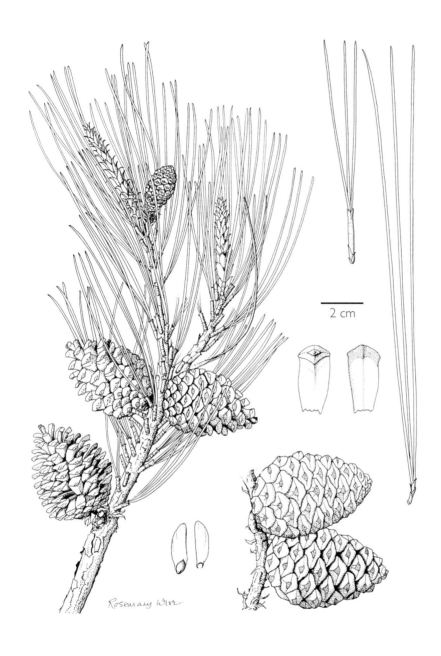

2 cm

Rosemary Wise.

Especies similares o afines: *Pinus pringlei* (No. 27) tiene las ramillas más gruesas y las acículas más grandes; los conos son frecuentemente más grandes y oblongos cuando están cerrados. *Pinus lawsonii* (No. 26) tiene escamas con umbos prominentes. *Pinus durangensis* (No. 25) generalmente tiene 5 o más acículas por fascículo y las escamas poseen un umbo prominente.

㉙ Pinus muricata

Pinus muricata D. Don var. *muricata*

Sinónimos: *P. remorata* H. Mason

Nombre local: Pino

Hábito de crecimiento, tronco: arbusto o árbol pequeño con el tronco recto, frecuentemente curvado, ramificándose desde abajo, de hasta 4–10(–15) m de alto y 20–50 cm de d.a.p.

Corteza: rugosa y escamosa, con profundas fisuras longitudinales en las troncos más grandes, de color café obscuro a gris.

Ramillas: yemas (principales) multinodales, con las bases de las hojas (de los fascículos) grandes y persistentes; fascículos extendidos que persisten por 2–3 años.

Acículas: en fascículos de 2, de (7–)10–14(–16) cm de longitud y 1,3–2,0 mm de ancho, rectas o ligeramente curvadas, muy rígidas.

Conos: solitarios o en verticilos de 2–5 en (muy) cortos pedúnculos, persistentes, estrechamente ovoides o asimétricos, de 5-7(–8) × 4–5(–6) cm cuando (medio) abren, apófisis puntiaguda.

Escamas del cono: 70–100, permaneciendo cerradas o abriendo muy lentamente, gruesas, leñosas y rígidas; apófisis muy variable, desde ligeramente levantada a extremadamente levantada en un lado del cono, con el umbo obtuso o agudo y curvo, provisto de una espina aguda.

Semillas: de 5–6 × 3–4.5 mm, de color gris a negro, con ala articulada de color más claro de 14–18 × 5–8 mm.

Hábitat: en la zona costera de chaparral, en la cara norte de las pendientes o los acantilados en las zonas de neblina, principalmente en suelos poco profundos y pedregosos con rocas volcánicas. Esta especie forma arbolados abiertos, algunas veces con *Cupressus* o *Juniperus*, se adapta a lugares con incendios bastante frecuentes.

Distribución: MÉXICO: Baja California Norte, principalmente en dos localidades cercanas a la costa, al oeste y suroeste de San Vicente y pero también en algunas localidades de la costa de la Alta California (EE. UU.); los bosquecillos más grandes están cerca del Cerro Colorado en el lado norte del río San Isidro. No ocurre en la Isla de Cedros: el pino que hay en este lugar es *P. radiata* var. *binata* (No. 30).

Altitud: 1–100 m (en México).

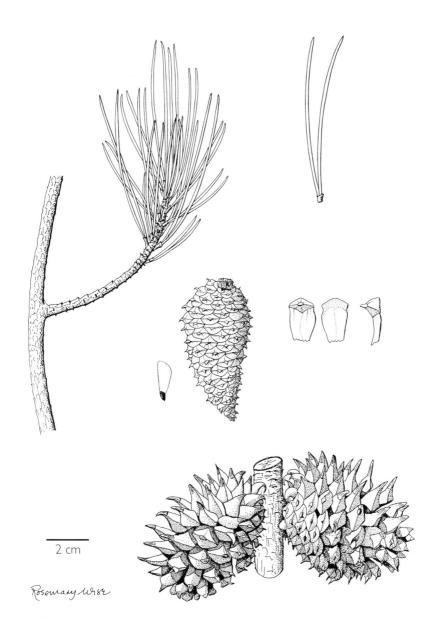

2 cm

Rosemary Wise

Especies, subespecies o variedades afines: Esta es una de las tres especies californianas de pino de "cono-cerrado", las otras dos especies son *P. attenuata* (No. 31) y *P. radiata* (No. 30). *P. attenuata* tiene acículas en fascículos de 3 (raro 2) y conos más grandes y oblongos; *P. radiata* var. *binata* existe solamente en la Isla de Cedros y en la Isla de Guadalupe, no en la península de Baja California.

③⓪ Pinus radiata var. binata

Pinus radiata D. Don var. *binata* (Engelmann) J. G. Lemmon

Sinónimos: *P. radiata* forma *guadalupensis* J.T. Howell; *P. muricata* var. *cedrosensis* J.T. Howell; *P. radiata* var. *cedrosensis* (J.T. Howell) Silba

Nombre local: Pino.

Habito de crecimiento, tronco: árbol de tamaño pequeño o mediano, con el tronco grueso, erecto, algunas veces ramificándose desde abajo, de hasta 20–25(–33) m de alto y 200–220 cm de d.a.p.

Corteza: muy gruesa en el tronco, escamosa, con fisuras muy profundas entre placas grandes, internamente de color café obscuro y por fuera de color gris negruzco.

Ramillas: yemas (principales) multinodales, gruesas con las bases de las hojas (de los fascículos) prominentes; fascículos extendidos que persisten por 3 años.

Acículas: en fascículos de 2 (2–3 en retoños dominantes), de 8–15 cm de longitud y 1,1–1,6 mm de ancho, rectas o curvadas y hasta torcidas, rígidas.

Conos: solitarios o en verticilos de 2–5, sobre pedúnculos muy cortos, persistentes, ovoides, de (5–)6,5–9(–13) × (4–)6–7(–9) cm cuando están abiertos.

Escamas del cono: 130–160, abriendo muy lentamente, gruesas, lignificadas y rígidas; apófisis ligeramente levantadas, transversalmente aquilladas, o más gruesas cerca de la base y en un lado del cono, de color café claro y el umbo plano de color gris.

Semillas: (5–)6–8 × 4–5 mm, de color gris-café con puntos obscuros; ala articulada de color café-amarillento, translúcida de 14–20 × 7–9 mm.

Hábitat: en pendientes rocosas o cañones húmedos, en el lado expuesto al viento (barlovento) de dos islas del Océano Pacífico, en un clima extremadamente oceánico con neblina diaria y lluvias intermitentes.

Distribución: MÉXICO: Baja California Norte, en las Islas de Cedros y Guadalupe, situadas respectivamente cerca de la costa de la península y a 250 km de la costa. Este es el único pino en esas islas.

Altitud: (200–)300–650 m (Isla de Cedros); 300–1160 m (Isla de Guadalupe).

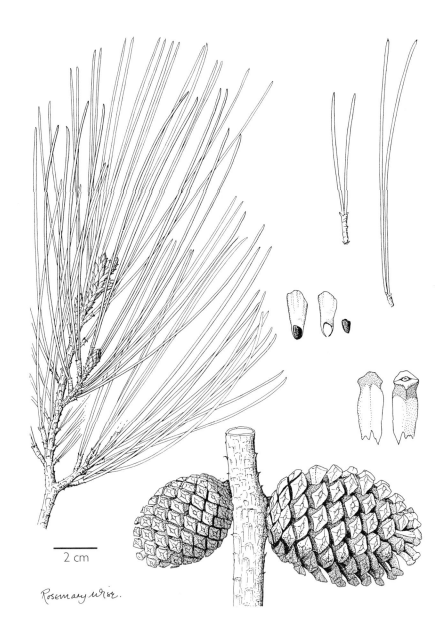

2 cm

Rosemary Wise.

Notas: Martínez (1948) y otros autores citan los pinos de la Isla de Cedros como (una variedad de) *P. muricata* (No. 29), pero observaciones más detalladas han demostrado que esta especie sólo existe en la península.

Especies, subespecies o variedades afines: En la Alta California (EE. UU.), hay *P. radiata* var. *radiata*, el pino de Monterey; la variedad *binata* difiere sólo un poco de él, como promedio los conos son más pequeños y simétricos y solo de forma ocasional con fascículos de 3 acículas en retoños dominantes.

(31) Pinus attenuata

Pinus attenuata J. G. Lemmon

Nombres locales: Chichonuda, Pino de piña

Hábito de crecimiento, tronco: árbol de tronco recto o curvado, algunas veces ramificado desde abajo, de hasta 15–20(–25) m de alto y 40–50 cm de d.a.p.

Corteza: relativamente delgada, escamosa, desprendiéndose en placas pequeñas y rectangulares, de color café-grisáceo a gris.

Ramillas: yemas (principales) frecuentemente multinodales con las bases de las hojas (de los fascículos) persistentes; fascículos extendidos persistiendo de 2–3 años.

Acículas: en fascículos de 3, raro 2, de (8–)10–12(–14) cm de longitud y 1,0–1,5 mm de ancho, rectas y rígidas.

Conos: solitarios o más frecuentemente en verticilos de 2–5, casi sésiles, muy persistentes en el tallo principal y en las ramas, reflejados, de ovoide-oblongo hasta oblongos, de 8–15 × 3,5–6 cm cuando están cerrados (hasta de 8 cm de ancho cuando están abiertos).

Escamas del cono: 150–180, permaneciendo cerradas por muchos años; apófisis de ligeramente levantada en un lado de la rama a cónica y curvada cerca de la base en el lado superior, de color café-amarillento, con un umbo más obscuro, obtuso, levantado o plano.

Semillas: de 5–7 × 3,5–4,5 mm, ligeramente agudas, de color grisnegruzco, con ala articulada de 12–18 × 5–7 mm.

Hábitat: laderas secas y rocosas en la zona de chaparral de las partes bajas de las montañas de la costa, donde los incendios rasantes son frecuentes.

Distribución: MÉXICO: Baja California Norte, en unos pocos rodales dispersos en las montañas costeras cerca de Ensenada; es más común y extendida en las regiones costeras de la Alta California y Oregón (EE. UU.).

Altitud: 250–600 m (en México).

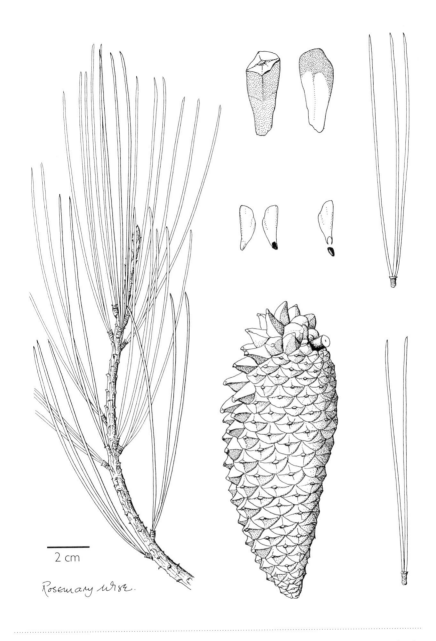

2 cm

Rosemary Wise.

Notas: Las poblaciones cercanas a Ensenada representan el límite sur de la distribución de esta especie.

Especies afines: Esta especie es una de las de "cono cerrado" (de California); al lado de *P. muricata* (No. 29) y *P. radiata* (No. 30) de Alta California y partes de Baja California, *P. greggii* (No. 32) pertenece a este grupo (Farjon & Styles, Flora Neotropica, Monografía 75). Los conos oblongos, progresivamente atenuados hacia el ápice y estrictamente serotinos (conos cerrados), con apófisis levantadas en el lado superior hacia la base, combinados con fascículos de 3 acículas, son distintivos de *P. attenuata*.

㉜ Pinus greggii

Pinus greggii Parlatore

Nombres locales: Pino prieto, Pino chino

Hábito de crecimiento, tronco: árbol de tronco recto y copa amplia, de 20–25(–35) m de alto y hasta 70–80 cm de d.a.p.

Corteza: gruesa en el tronco, escamosa, con placas alargadas y profundas fisuras longitudinales, de color café obscuro por dentro y gris obscuro por fuera.

Ramillas: frecuentemente con yemas (principales) multinodales, lisas, con pequeños levantamientos en las bases de las hojas (de los fascículos), de color café-amarillento a café-grisáceo; con fascículos extendidos hacia adelante, persistiendo hasta por 4 años.

Acículas: de color verde obscuro, en fascículos de 3, de (7–)9–13(–15) cm de longitud y 1–1,2 mm de ancho, rectas y rígidas.

Conos: se presentan hasta en árboles muy jóvenes, en verticilos de (1–)3–8 o más, casi sésiles, persistentes, estrechamente ovoides hasta oblongos cuando están cerrados, con la base oblicua, de (6–)8–13(–15) × (4–)5–7 cm cuando están abiertos (de 3,5–5 cm de ancho cuando están cerrados); pueden durar de 4–8 años maduros y cerrados en el árbol.

Escamas del cono: 80–120, permaneciendo cerrados de algunos a muchos años; apófisis plana o ligeramente levantada, de color café-amarillento, con umbo gris, deprimido o plano.

Semillas: de 5–8 × 3–4 mm, de color gris a café-negruzco, con ala articulada de 15–20 × 6–8 mm.

Hábitat: en varios tipos de bosques montañosos mixtos con latifoliadas, mixtos de pino-encino y en pinares, en suelos ácidos o ligeramente alcalinos en el norte de su distribución.

Distribución: MÉXICO: sureste de Coahuila, sur de Nuevo León, sureste de San Luis Potosí, Querétaro, Hidalgo y el norte de Puebla; esta especie en ninguna parte es abundante.

Altitud: 1300–2600 m, en el norte 2300–2700 m.

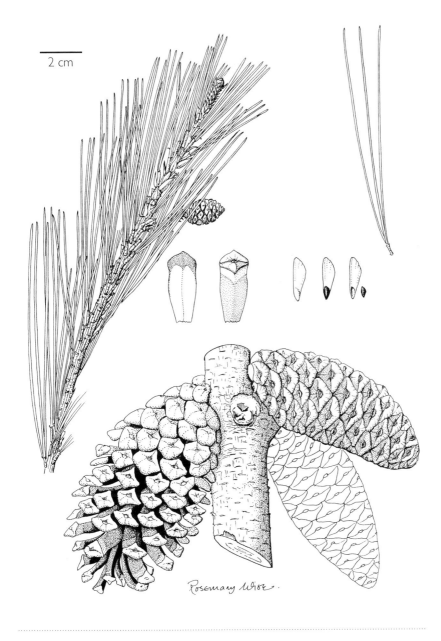

2 cm

Notas: Esta relativamente rara especie está aparentemente relacionada con los pinos de "cono cerrado" de California: *P. attenuata* (No. 31), *P. muricata* (No. 29) y *P. radiata* (No. 30) (ver Farjon & Styles, Flora Neotropica, Monografía 75).

Especies similares: Los pinos de "cono cerrado" de California, se extienden dentro de Baja California y en dos islas del Pacífico; una especie que es más o menos similar (pero no cercanamente relacionada), y se encuentra dentro de la parte continental de México es *P. patula* (No. 22). *P. patula* difiere en que sus acículas son más largas, delgadas, laxas y de fláccidas a péndulas, en fascículos de 3–4(–5), además sus conos son más pequeños y menos serotinos.

Pinus coulteri

Pinus coulteri D. Don

Nombre local: Pino

Hábito de crecimiento, tronco: árbol de tronco recto o curvado en la base, con las ramas principales muy largas, de hasta 15–25 m de alto y 100 cm de d.a.p.

Corteza: gruesa en el tronco, escamosa, con placas largas, fisuras irregulares y longitudinales, de color café obscuro con las fisuras negras.

Ramillas: yemas (principales) multinodales, gruesas, rugosas, con la base de las hojas (de los fascículos) prominente, de color café-anaranjado claro, frecuentemente glaucas; fascículos extendidos, persistiendo durante 3–4 años.

Acículas: en fascículos de 3, de 15–25(–30) cm de longitud y 1,9–2,2 mm de ancho, rectas o curvadas, muy rígidas y frecuentemente resinosas.

Conos: solitarios o en pares, algunas veces en verticilos de 3–4(–5) en tallos de árboles jóvenes, en pedúnculos cortos, gruesos y robustos, ovoides, de 20–35 × 15–20 cm cuando abren, extremadamente resinosos.

Escamas del cono: 180–220, gruesas y leñosas, rígidas, abriendo lentamente; apófisis muy fuertemente desarrollada, alargada y curvada, el umbo largo, en forma de gancho puntiagudo, de color café-amarillento claro.

Semillas: 10–18 × 7–10 mm, de color café obscuro a negruzco, con ala articulada de color café, de 18–30 × 12–16 mm, engrosada en la base.

Hábitat: límites inferiores del bosque de pino, extendiéndose dentro del chaparral, o en áreas rocosas entre cantos de granito; este pino se encuentra en rodales abiertos, frecuentemente con *Quercus chrysolepis*.

Distribución: MÉXICO: Baja California Norte, dispersa y rara en la Sierra de Juárez y de San Pedro Mártir; más abundante y ampliamente distribuida en las cordilleras de la costa de la Alta California.

Altitud: 1200–1800 m (Sierra de Juárez), 1900–2150 m (Sierra de San Pedro Mártir).

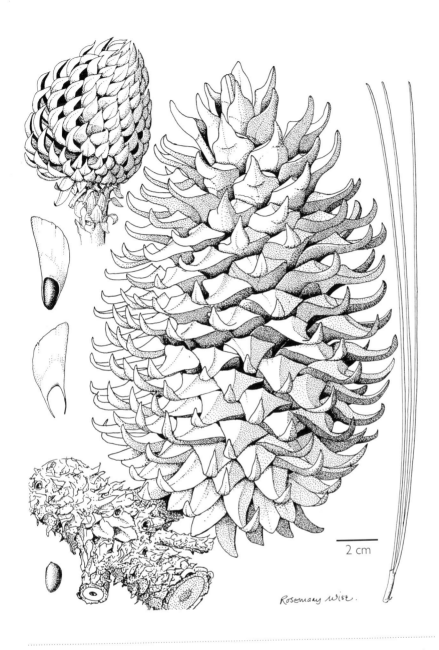

2 cm

Rosemary Wise.

Notas: Pueden existir híbridos naturales entre *P. coulteri* y *P. jeffreyi* donde las dos especies crecen juntas; estos híbridos han sido reportados en la Alta California pero no se conocen todavía en la Baja California.

Especies afines: Aunque la hibridación parece indicar *P. jeffreyi* (No. 11) como una especie relacionada, análisis filogenéticos indican una relación cercana con los pinos de "cono cerrado" de California como son *P. attenuata* (No. 31), *P. muricata* (No. 29) y *P. radiata* (No. 30) (Farjon & Styles, Flora Neotropica, Monografía 75). En la Alta California existen otras dos especies estrechamente relacionadas: *P. sabiniana* y la rara *P. torreyana*. En México, ningún otro pino tiene los conos tan grandes, con apófisis ganchudas tan pesadas.

③④ Pinus ayacahuite

Pinus ayacahuite Schlechtendal var. *ayacahuite*

Nombres locales: Acalocote, Ayacahuite, Ocote gretado, Pinabete, Pino gretado, Pino tabla.

Hábito de crecimiento, tronco: árbol de tronco recto, con las ramas extendidas a través de $^2/_3$–$^3/_4$ de su longitud total, de hasta 40–45 m de alto y 150–200 cm de d.a.p.

Corteza: no muy gruesa en el tronco, escamosa, dividida en escamas pequeñas de forma rectangular, de color café-grisáceo hasta gris; en árboles jóvenes delgada y suave.

Ramillas: delgadas, las yemas jóvenes pueden ser ligeramente pubescentes, con las bases de las hojas (de los fascículos) prominentes, cortas y decurrentes; fascículos extendidos a veces laxos, persistiendo por 2–3 años.

Acículas: en fascículos de 5, de (8–)10–15(–18) cm de longitud y 0,7–1,0 mm de ancho, rectas o ligeramente curvadas, laxas, con los márgenes (débilmente) aserrados, estomas solamente en las dos caras internas; escamas de la vaina de los fascículos pronto caedizas.

Conos: solitarios o en verticilos de 2–4, en pedúnculos cortos, péndulos, deciduos, cilíndricos, curvados, de (10–)15–40 × 7–15 cm cuando abren, de color café opaco.

Escamas del cono: 100–150, abriendo pronto y ampliamente, delgadas y flexibles; apófisis irregular, frecuentemente curvada o reflejada, con el umbo terminal obtuso, muy resinosas.

Hábitat: en bosques mixtos de coníferas en sitios mesófilos de montaña. Este pino es con frecuencia un árbol que domina a otros o vive en pequeños arbolados, su mejor desarrollo lo alcanza en suelos margosos y bien drenados.

Distribución: MÉXICO: (incluyendo la variedad citada abajo) Guanajuato, Querétaro, Hidalgo, Puebla, Veracruz, Tlaxcala, México, Morelos, Michoacán, Guerrero, Oaxaca y Chiapas; GUATEMALA: a través de la tierras altas; HONDURAS: en las montañas más altas; EL SALVADOR: únicamente en Chalatenango.

Altitud: (1500–)1900–3200(–3600) m.

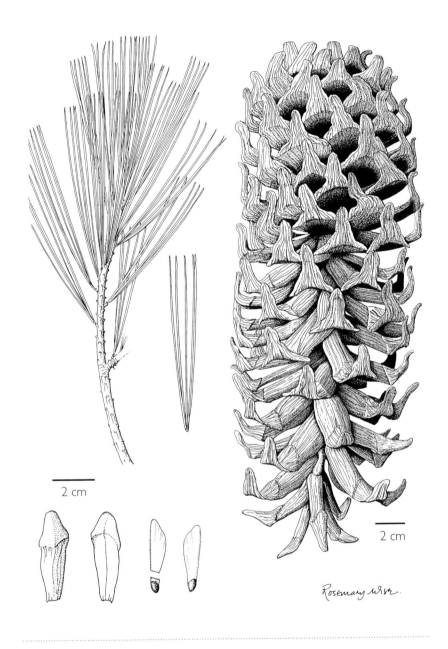

2 cm

2 cm

Rosemary Wise.

Notas: Esta especie es muy importante como árbol maderable en México y Guatemala, debido al tamaño del tronco, su madera es muy blanda (quebradiza).

Especies, subespecies o variedades afines: En algunos lugares de su distribución en el centro de México, *P. ayacahuite* var. *veitchii* (Roezl) G.R. Shaw es distinguida por sus conos muchas veces muy grandes (de hasta 50 cm de longitud), con apófisis extremadamente alargadas y reflejadas y el ala de la semilla hasta dos veces más larga que la misma semilla. *Pinus strobiformis* (No. 37), algunas veces relegada como variedad de *P. ayacahuite*, es aquí tratada como una especie distinta (ver Farjon & Styles, Flora Neotropica, Monografía 75).

Pinus lambertiana

Pinus lambertiana D. Douglas

Nombres locales: Ocote, Pino de azúcar

Hábito de crecimiento, tronco: árbol de tronco recto, con ramas largas y extendidas, de hasta 30–40 m de alto y 80–120 cm de d.a.p.

Corteza: gruesa en el tronco, en las partes bajas con largas e irregulares placas y fisuras profundas, de color gris-café; en árboles jóvenes delgada y suave.

Ramillas: delgadas, flexibles, las yemas jóvenes ligeramente pubescentes, con las bases de las hojas (de los fascículos) pequeñas, de color café-anaranjado, pronto de color gris claro; fascículos extendidos pero laxos, persistiendo de 2–4 años.

Acículas: en fascículos de 5, de (3,5–)4–8(–10) cm de longitud y 0,8–1,5 mm de ancho, rectas, laxas, muy débilmente aserradas, con estomas en las tres caras de la acícula; escamas de la vaina de los fascículos pronto caedizas.

Conos: se desarrollan cerca de la parte terminal de las ramas, solitarios o en verticilos de 2–4, péndulos, deciduos, cilíndricos, casi rectos, de 25–45 × 8–14 cm cuando abren, de color café claro.

Escamas del cono: 110–130, abriendo pronto, anchas, de más de 4–5 mm de gruesos, rígidas; apófisis triangulares y obtusas, de 5–8 mm de grueso en la base, no recurvadas, con umbo terminal y obtuso, muy resinosas.

Semillas: de (10–)12–15(–18) × 6–10 mm, de color café obscuro, con ala adnada de color café claro de 20–30 × 12–15 mm.

Hábitat: bosques mixtos de coníferas de montaña, en lugares con los suelos más profundos. Esta especie crece frecuentemente en las márgenes de los arroyos intermitentes, se asocia con *Abies concolor*, *Pinus contorta* var. *murrayana* y *P. jeffreyi*.

Distribución: MÉXICO: Baja California Norte, Sierra de San Pedro Mártir; ampliamente distribuida en la Alta California y Oregón (EE. UU.).

Altitud: 2200–2800 m (en México).

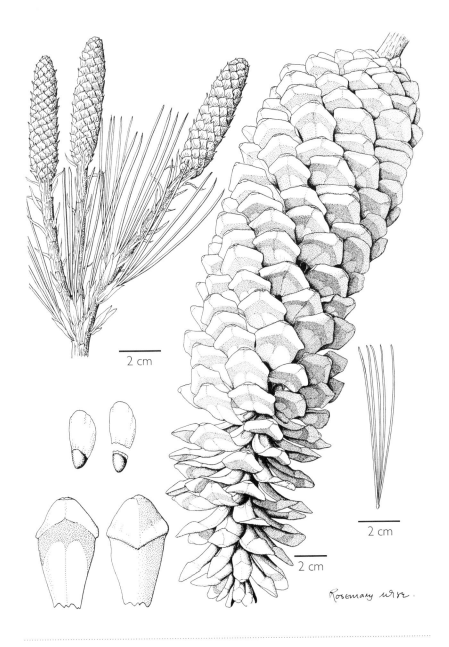

2 cm

2 cm

2 cm

Rosemary Wise.

Notas: En México, esta especie no alcanza el gran tamaño de árbol que tiene en la Alta California y Oregón; las referencias de tamaños de 60 m o más en Martínez (1948) y Perry (1991), hacen alusión a especies que se desarrollan fuera de México. Igualmente, los conos más grandes (56 cm de longitud) han sido encontrados únicamente en los EE. UU.

Especies afines: Esta es la única especie representativa de los "pinos blancos" en Baja California (*Pinus* subsección *Strobus*), las otras especies mexicanas se encuentran en el resto del país (*P. ayacahuite* No. 34, *P. flexilis* var. *reflexa* No. 36, *P. strobiformis* No. 37 y *P. strobus* var. *chiapensis* No. 38).

⓷⓺ Pinus flexilis var. reflexa

Pinus flexilis E. James var. *reflexa* Engelmann

Sinónimos: *P. reflexa* (Engelmann) Engelmann

Nombres locales: Pinabete, Pino nayar?

Hábito de crecimiento, tronco: árbol de tronco recto o retorcido, con ramas ascendentes, 1-varios tallos, ramificándose desde muy abajo, de hasta 10–15(–20) m de alto y 100–150 cm de d.a.p.

Corteza: delgada, escamosa, con placas y escamas pequeñas, de color café a gris.

Ramillas: delgadas, flexibles, yemas jóvenes ligeramente pubescentes, de color verde grisáceo, pronto de color gris-blanquecino y suaves, con yemas invernales resinosas; fascículos densos, extendiéndose hacia adelante, persistiendo por (3–)5–6 años.

Acículas: en fascículos de 5, de (5–)6–9 cm de longitud y 0,8–1,2 mm de ancho, rectas o torcidas, laxas, muy débilmente aserradas, con los estomas principalmente o únicamente en las caras internas de las acículas; escamas de la vaina de los fascículos pronto caedizas.

Conos: solitarios o en verticilos de 2–4, en pedúnculos cortos, más o menos péndulos, deciduos, cilíndricos, rectos o ligeramente curvados, de 10–15 × 4–6 cm cuando abren, de color café claro.

Escamas del cono: 80–110, abriendo pronto pero no a todo lo ancho; apófisis gruesa, triangular o rómbica, obtusa, (ligeramente) recurvada, con el umbo terminal obtuso, muy resinosas.

Semillas: 10–15 × 8–10 mm de color café obscuro, con ala adnada rudimentaria o muy pequeña, hasta 5 mm de longitud; frecuentemente el ala está ausente cuando cae la semilla del cono.

Hábitat: en bosques abiertos de alta montaña hasta subalpinos o expuestos en lo más alto de las montañas, por encima del límite superior del bosque, en suelos rocosos y expuestos a los fuertes vientos y nevadas.

Distribución: MÉXICO: en algunas cumbres montañosas de Chihuahua, Coahuila y sur de Nuevo León; posiblemente sea más común.

Altitud: No registrada, pero seguramente por arriba de los 2500 m.

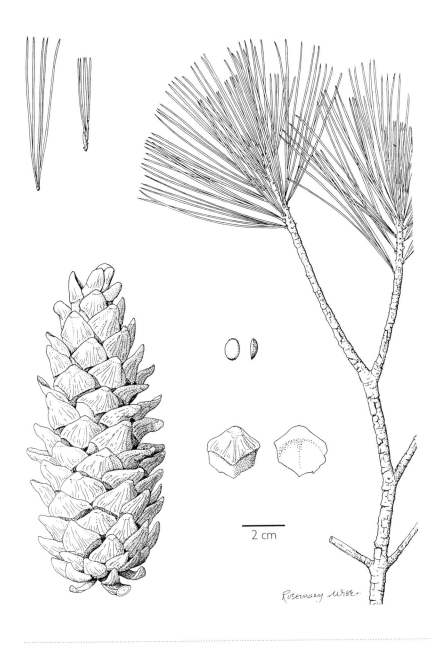

2 cm

Rosemary Wise

Especies, subespecies o variedades afines: *Pinus flexilis* y *P. strobiformis* (No. 37) son dos especies estrechamente emparentadas que existen en las cordilleras de Norteamérica, desde Canadá hasta el interior de México. Las variaciones especialmente en los conos son más grandes en el suroeste de los Estados Unidos y norte de México, donde formas intermedias son a veces encontradas. *P. flexilis* var. *reflexa* es esencialmente muy similar al pino subalpino *P. flexilis* var. *flexilis*, pero las escamas del cono son ligeramente reflejadas y frecuentemente tienen una pequeña e inefectiva ala las semillas. En los EE. UU., *P. flexilis* var. *reflexa* es comúnmente incluida en *P. strobiformis*.

③ Pinus strobiformis

Pinus strobiformis Engelmann

Sinónimos: *Pinus ayacahuite* var. *brachyptera* Shaw; *P. ayacahuite* var. *novogaliciana* Carvajal

Nombres locales: Acahuite, Pinabete, Pino blanco, Pino nayar, Pino huiyoco

Hábito de crecimiento, tronco: árbol de tronco recto, de hasta 25–30 m de alto y 80–100 cm de d.a.p.

Corteza: gruesa en el tronco, escamosa, fracturándose en pequeñas e irregulares placas y fisuras, de color café obscuro haciéndose con el tiempo gris; en árboles jóvenes delgada, suave y gris.

Ramillas: delgadas, algunas veces ligeramente pubescentes, con prominentes pero pequeñas bases de las hojas (de los fascículos), de color verde-amarillento hasta café-rojizo pálido, cambiando pronto a gris; fascículos extendidos pero laxos, persistiendo de 3–5 años.

Acículas: de color verde, con frecuencia las caras internas de color glauco, en fascículos de 5, de (5–)7–11(–12) cm de longitud y (0,6–)0,8–1,1(–1,2) mm de ancho, débilmente aserradas (algunas veces más densamente), rectas o ligeramente torcidas, laxas; estomas únicamente en las dos caras internas; las escamas de la vaina de los fascículos pronto caedizas.

Conos: solitarios o en verticilos de 2–4, en pedúnculos de alrededor de 20 mm de largo, péndulos, deciduos, de ovoide-oblongos a cilíndricos, conos largos ligeramente curvados, de 12–30(–60) × 7–11 cm cuando están abiertos, de color café claro.

Escamas del cono: 70–120, abriéndose pronto y extendiéndose a lo ancho, con las cavidades de las semillas profundas; apófisis triangular, gruesa en la base, frecuentemente alargada y recurvada, de color amarillento, con el umbo terminal obtuso, generalmente muy resinosas.

Semillas: 12–18 × 8–11 mm, de color café, por lo general sólo una de las semillas se desarrolla completamente; con el ala adnada rudimentaria, de hasta la mitad del largo de la semilla.

Hábitat: pinares y bosques mixtos de pino y encino de montaña, en sitios mesófilos con suelos relativamente profundos, también en laderas de exposición norte y en los bosques de coníferas de las altas montañas con *Abies* y/o *Pseudotsuga*.

Distribución: MÉXICO: principalmente en la Sierra Madre Occidental y Sierra Madre Oriental, en Sonora, Chihuahua, Coahuila, Nuevo León, Sinaloa, Durango, Jalisco y muy localmente en Zacatecas y San Luis Potosí; también en Arizona, Nuevo México y oeste de Texas (EE. UU.).

Altitud: 1900–3500 m.

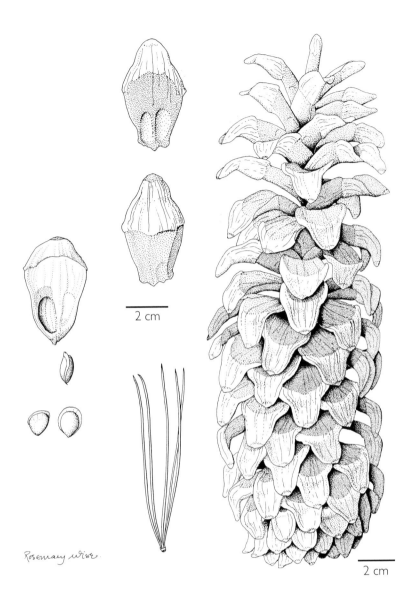

2 cm

2 cm

Rosemany Wise.

··

Especies afines: Algunos botánicos relegan las poblaciones más sureñas de esta especie como una variedad de *P. ayacahuite* (No. 34), pero un estudio más detallado por Pérez de la Rosa ha establecido recientemente que estas también pertenecen a *P. strobiformis*. Los conos son muy variables en tamaño y forma.

⬤38 Pinus strobus var. chiapensis

Pinus strobus Linnaeus var. *chiapensis* Martínez

Sinónimos: *P. chiapensis* (Martínez) Andresen

Nombres locales: Pinabete, Pino blanco

Hábito de crecimiento, tronco: árbol de tronco recto, a veces bifurcado, de hasta 30–35(–40) m de alto y 100–150 cm de d.a.p.

Corteza: rugosa y escamosa en el tronco, descascarándose, con fisuras poco profundas, de color café-grisáceo hasta gris; en árboles jóvenes suave y de color verde-grisáceo.

Ramillas: delgadas, cuando jóvenes ligeramente pubescentes, con las bases de las hojas (de los fascículos) pequeñas y rápidamente erosionables, de color gris-verde; fascículos extendidos pero laxos, persistiendo por 2–3 años.

Acículas: en fascículos de 5, de (5–)6–12(–13) cm de longitud y 0,6–0,8(–1) mm de ancho, rectas o ligeramente torcidas, laxas, con los márgenes aserrados (algunas veces débilmente); estomas presentes solamente en las dos caras internas; las escamas de la vaina del fascículo pronto caedizas.

Conos: generalmente en verticilos de 2–4, con pedúnculos delgados, péndulos, deciduos, cilíndricos a ovoide-oblongos cuando abren, de (6–)8–16(–25) × 4–8 cuando están abiertos, de color café opaco.

Escamas del cono: 40–100, abriendo pronto, delgadas y flexibles; apófisis delgada, rómbica, obtusa, recta (con las escamas basales no recurvadas), con el umbo terminal y obtuso, frecuentemente resinosas.

Semillas: de 7–9 × 4–5 mm, de color café, con ala adnada de 20–30 × 6–9 mm.

Hábitat: en bosques montañosos, de subtropicales a templados y cálidos, con gran cantidad de lluvia y neblina (bosque de niebla), en suelos margosos bien drenados. Este es el pino que se encuentra más ampliamente asociado con árboles latifoliados y también con otros pinos.

Distribución: MÉXICO: Guerrero, este de Puebla, Veracruz, Oaxaca y Chiapas; GUATEMALA: El Quiché y Huehuetenango. Principalmente restringida a pequeños bosques relictuales de la especie.

Altitud: (500–)800–2000(–2200) m.

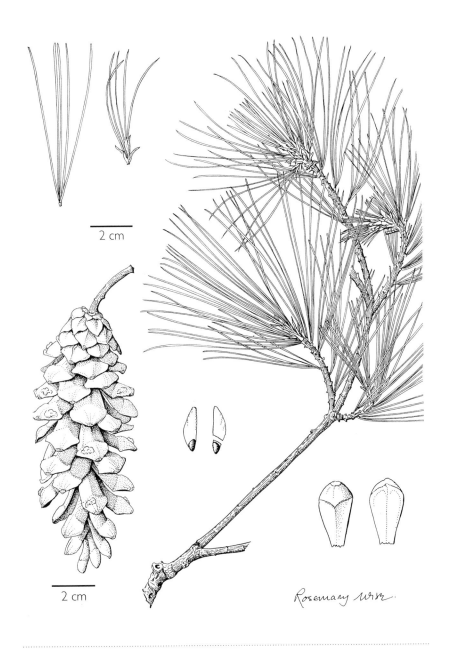

2 cm

2 cm

Rosemary Wise.

Especies, subespecies o variedades afines: Algunos botánicos relegan *P. strobus* var. *chiapensis* como una especie distinta, principalmente porque su área de distribución está a más de 3000 km de *P. strobus* var. *strobus* en el este de Norteamérica en un clima muy diferente. No hay discontinuidad ni caracteres fijos que puedan distinguir a las dos, por lo tanto nosotros mantenemos el estatus de variedad (Farjon & Styles, Flora Neotropica, Monografía 75). Es diferente *P. ayacahuite* (No. 34) en que las escamas del cono son cortas y la apófisis no es recurvada o reflejada; los conos son generalmente más pequeños también, aunque son muy variables y los conos más grandes de *P. strobus* var. *chiapensis* pueden ser más grandes que los conos más chicos de *P. ayacahuite*.

⓿ Pinus rzedowskii

Pinus rzedowskii Madrigal Sanchez & Caballero Deloya

Nombres locales: Ocote, Pino

Hábito de crecimiento, tronco: árbol de tronco recto o curvado, frecuentemente ramificado desde abajo, de hasta 15–30 m de alto y 30–60 cm de d.a.p.

Corteza: gruesa en el tronco, escamosa, fracturándose en grandes y poco compactas placas, divididas por fisuras longitudinales, de color café obscuro; en árboles jóvenes es escamosa pronto y se desescama fácilmente, de color café-rojizo o gris-café.

Ramillas: delgadas, suaves, con las bases de las hojas (de los fascículos) pequeñas, de color gris; fascículos extendidos pero muy laxos, persistiendo de 2–3 años.

Acículas: en fascículos de (3–)4–5, rectas o ligeramente reflejadas, de 6–10 cm de longitud y 0,6–0,8 mm de ancho, con los márgenes aserrados, estomas únicamente en las dos caras internas; escamas de la vaina retrayéndose antes de caer.

Conos: solitarios o en verticilos de 2–4, en pedúnculos delgados y curvos, péndulos o extendidos, deciduos, ovoide-oblongos, de 10–15 × 6–8,5 cm cuando abren.

Escamas del cono: 80–120, abriendo pronto, delgadas, más o menos flexibles, rectas; apófisis prominente, transversalmente aquilladas, con el umbo levantado, de color café claro, frecuentemente resinosas.

Semillas: (6–)8(–10) × (4–)5–6 mm, de color café obscuro, con ala articulada de 20–30(–35) × 8–13 mm.

Hábitat: limitada en áreas con laderas rocosas, con muchas rocas calizas sueltas, en pinares de montaña, en dos localidades sin otras especies de pino, y en la tercera localidad conocida con muy pocos pinos. Esta especie parece estar restringida a lugares con rocas calizas.

Distribución: MÉXICO: Michoacán, en tres localidades separadas en el municipio de Coalcomán, cerca de Dos Aguas y a 40 km al oeste de Dos Aguas.

Altitud: 2100–2400 m.

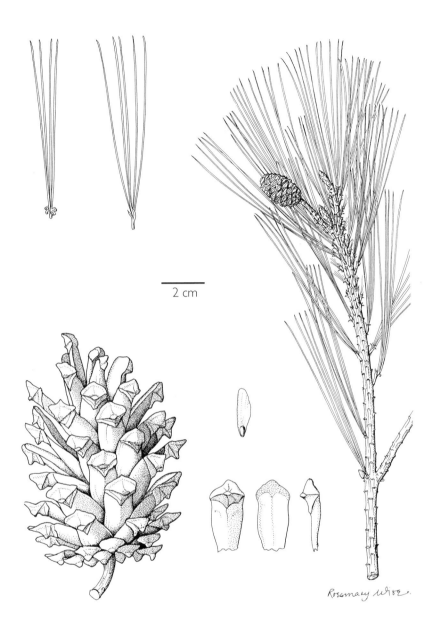

2 cm

Rosemary Wise.

Especies similares o afines: Esta notable especie, descubierta en 1966, tiene una combinación de caracteres única a "medio camino" entre los pinos Piñoneros y los pinos Blancos (por ejemplo *P. ayacahuite* No. 34). Posee también caracteres de los pinos del subgénero *Pinus*, como son las semillas con ala articulada y la corteza gruesa y escamosa. Este es posiblemente el pino más raro de México.

⑩ Pinus maximartinezii

Pinus maximartinezii Rzedowski

Nombres locales: Piñón, Piñón real

Hábito de crecimiento, tronco: árbol de tronco corto, recto o curvado, ramas muy largas ascendentes o erectas, de hasta 5–10(–15) m de alto y 40–50 cm de d.a.p.

Corteza: gruesa en la parte más baja del tronco, suave en árboles jóvenes, pero en troncos más grandes se rompe en pequeñas y rugosas placas, de color café-anaranjado por dentro y gris por la parte externa.

Ramillas: delgadas, creciendo lentamente, casi siempre glabras, con las bases de las hojas (de los fascículos) pequeñas, las yemas jóvenes de color glauco tornándose con el tiempo de café-anaranjado a gris; fascículos extendidos, laxos, persistiendo por 2 años.

Acículas: en fascículos de 5, raro 3 ó 4, de 7–11(–13) cm de longitud y 0,5–0,7 mm de ancho, con los márgenes enteros y únicamente presentando estomas en las dos caras internas, rectas, laxas, generalmente de color verde-glauco; escamas de las vainas de los fascículos retrayéndose antes de caer.

Conos: solitarios, con un pedúnculo corto, muy grandes y pesados cuando están maduros, péndulos en ramas delgadas, deciduos, ovoide-truncados, de (15–)17–25(–27) × 10–15 cm cuando abren, verdes hasta el segundo año que es cuando empiezan a tornarse de color café.

Escamas del cono: 80–110, abriendo de forma lenta y parcial, gruesas y lignificadas, con las cavidades de las semillas profundas; apófisis muy gruesas y leñosas, levantadas y transversalmente aquilladas, cónicas y curvadas en la parte más baja, con umbos obtusos grandes.

Semillas: oblongas, de 20–28 × (8–)10–12 × 7–10 mm, con una gruesa y dura cubierta, generalmente quedando entre las escamas; sin ala sujeta a la semilla.

Hábitat: en bosques abiertos y secos de pino o de pino-encino, en suelos poco profundos con arenisca calcárea o rocas metamórficas, en laderas y en cañones pequeños, con muy escasos pinos de otras especies.

Distribución: MÉXICO: sur de Zacatecas, en la parte sur de la Sierra de Morones, al suroeste de Juchipila.

Altitud: 1800–2400 m.

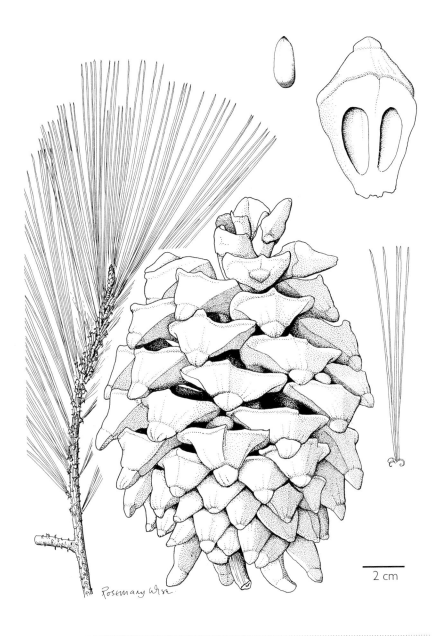

Rosemary Wise

2 cm

Notas: Este notable pino fue descubierto por el Dr. Jerzy Rzedowski en el mercado de Juchipila, donde sus semillas fueron vendidas como piñones, porque él se dio cuenta de que esas semillas eran mucho más largas que las de ninguna otra especie conocida.

Especies afines: Esta muy rara especie está relacionada solo distantemente con otros pinos piñoneros, especialmente a *P. cembroides* (No. 43), y necesita ser protegida del fuego, pastoreo y tala. Sus conos enormes, así como sus muy delgadas y relativamente largas acículas en fascículos principalmente de 5, la distinguen de cualquier otro pino piñonero.

Pinus nelsonii

41

Pinus nelsonii Shaw

Nombre local: Piñón, Piñón prieto

Hábito de crecimiento, tronco: árbol pequeño de tronco recto, algunas veces con ramas desde abajo, ramas casi erectas o extendidas, de hasta 5–10 m de alto y 15–30 cm de d.a.p.

Corteza: delgada, suave, sólo escamosa en la parte baja de los troncos, con placas delgadas y pequeñas de color gris-ceniciento, con áreas de color café, en árboles jóvenes casi blancas.

Ramillas: delgadas, rígidas, erectas, suaves, con las bases de las hojas (de los fascículos) pequeñas, algunas veces glaucas, cambiando pronto a blanco-grisáceo; fascículos extendidos o erectos, persistiendo por 2–3 años.

Acículas: en fascículos de 3, raro 4, conadas, no se separan hasta poco antes de que el fascículo caiga (dando la impresión de ser una sola acícula), de 4–8(–10) cm de longitud y 0.7–0.8 mm de ancho, rectas, curvadas o torcidas, generalmente de color verde obscuro; vaina de los fascículos persistente.

Conos: raros, en árboles jóvenes con frecuencia en la punta del tronco principal, solitarios o en pares, con pedúnculos muy largos recurvados y persistentes (los conos caen sin ellos), oblongos, irregulares, de (5–)7–12 × 4–5,5 cm cuando abren, de color café-rojizo obscuro, creciendo más o menos continuamente.

Escamas del cono: 60–100, abriendo ligeramente, débilmente sujetadas al eje, las semillas se encuentran contenidas en profundas cavidades; apófisis gruesas, irregulares, levantadas y transversalmente aquilladas, con el tiempo volviéndose arrugadas, umbo obtuso que a veces tiene una espina.

Semillas: 12–15 × 8–10 mm, frecuentemente sólo una se desarrolla totalmente en cada escama, con cubierta dura; sin ala adherida a la semilla.

Hábitat: en estribaciones y mesas semiáridas de la Sierra Madre Oriental, por encima de la vegetación desértica y por debajo o apenas dentro del "cinturón de pinos piñoneros", con *P. cembroides*, principalmente en afloramientos de piedra caliza con suelos poco profundos.

Distribución: MÉXICO: sur de Nuevo León, oeste de Tamaulipas, San Luis Potosí.

Altitud: 1600–2300(–2450) m.

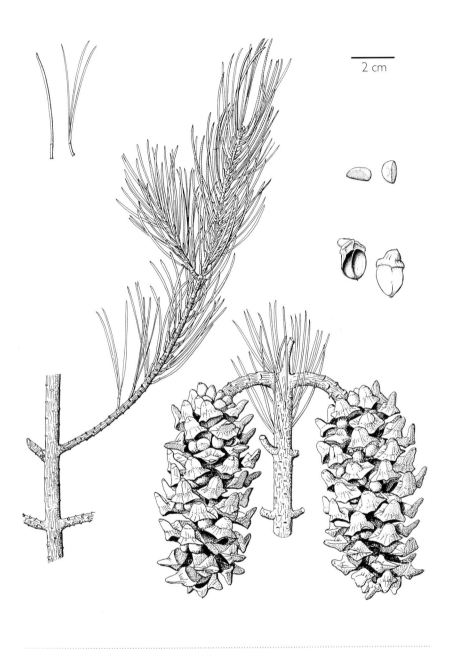

2 cm

Especies afines: Este pino único sólo tiene una relación distante con el resto de los "pinos piñoneros" y tiene algunos caracteres que no tienen los demás. Su corteza blanquecina, acículas conadas con las vainas de las fascículas persistentes y conos de color café-rojizo con pedúnculos largos, que caen sin el pedúnculo lo hacen que se distinga fácilmente de otros pinos piñoneros.

㊷ Pinus pinceana

Pinus pinceana G. Gordon

Nombres locales: Piñón, Piñón blanco

Hábito de crecimiento, tronco: arbusto grande o árbol pequeño, de tronco corto, frecuentemente ramificándose desde cerca del suelo, 2–3 veces más ancho que alto, de hasta 6–10(–12) m de alto y 20–30 cm de d.a.p.

Corteza: delgada, suave, únicamente fisurada y rompiéndose en placas irregulares en la parte baja del tronco, de color gris o gris-café.

Ramillas: delgadas, flexibles, péndulas, suaves, con pequeñas bases de las hojas (de los fascículos), de color gris-cafesoso a gris; fascículos extendidos que persisten 2–3 años.

Acículas: en fascículos de 3, raro 4, de 5–12(–14) cm de longitud y 0,8–1,2 mm de ancho, rectas, rígidas, con los márgenes enteros, estomas principalmente dispuestos en las dos caras internas, de color verde-grisáceo o verde claro; las escamas de la vaina caen cuando las acículas alcanzan su tamaño definitivo.

Conos: solitarios u ocasionalmente en pares, sobre pedúnculos delgados y curvos que se rompen fácilmente, péndulos, deciduos, irregulares ovoide-oblongos, de 5–10 × 3,5–6(–7) cm cuando abren, de color rojo-café brillante.

Escamas del cono: 60–80, abriendo muy poco, débilmente sujetadas al eje por lo que de forma fácil se pueden remover, con huellas profundas donde se localizan las semillas; apófisis levantada prominentemente, suave, con aquillada en forma prominente, de color café brillante, con el umbo aplanado.

Semillas: de color café-rojizo, de 11–14 × 7–8 mm, con una cubierta dura, frecuentemente sólo una de las semillas se desarrolla completamente en cada escama, sin ala adherida a la semilla.

Hábitat: montañas semiáridas, frecuentemente en pendientes calcáreas y barrancas, por encima de la vegetación del desierto y abajo, o apenas dentro del "Cinturón de Pinos Piñoneros" con *P. cembroides.*

Distribución: MÉXICO: dispersa en Coahuila, norte de Zacatecas, San Luis Potosí, Querétaro e Hidalgo.

Altitud: 1400–2300 m.

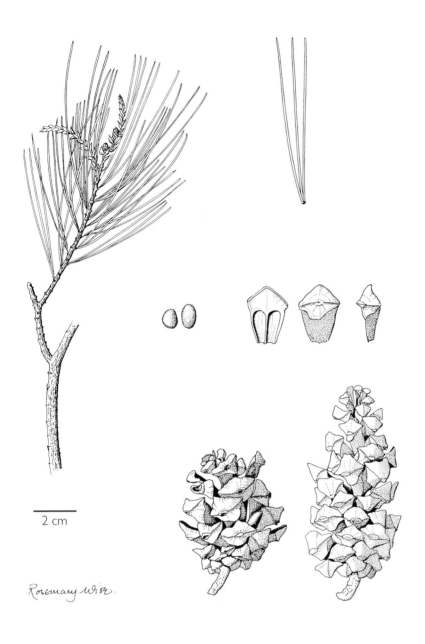

2 cm

Rosemary Wise.

Especies similares o afines: Esta especie es un poco parecida a *P. nelsonii* (No. 41) en el hábito, pero tiene las ramillas péndulas no verticales, las acículas son libres no conadas y la apófisis de las escamas es suave y brillante, no arrugada ni de color opaco. La diferencia con *P. cembroides* (No. 43), está en su hábito de crecimiento péndulo, sus más largas acículas y sus conos más largos y péndulos, en los cuales las escamas sólo se abren parcialmente.

⓸ Pinus cembroides

Pinus cembroides Zuccarini subsp. *cembroides* var. *cembroides*

Nombres locales: Piñón, Piñonero, Piñón prieto

Hábito de crecimiento, tronco: árbol pequeño de tronco corto, recto o torcido, ramificando desde abajo, de hasta 10–15 m de alto y 60–80 cm de d.a.p.

Corteza: gruesa en el tronco, escamosa, que se desprende en pequeñas placas y fisuras longitudinales, por dentro de color anaranjado-amarillanto y por fuera de color gris obscuro.

Ramillas: delgadas, con las bases de las hojas (de los fascículos) pequeñas, suaves de color café-anaranjado o glauco, tornándose con el tiempo de color gris; fascículos extendidos o erectos, persistiendo de 3–4 años.

Acículas: en fascículos de 2–3, curvadas o casi rectas, de (2–)3–5(–6,5) cm de longitud y (0,6–)0,7–1 mm de ancho, con los márgenes enteros y estomas en todas las caras, de color verde en la cara abaxial y grisáceo en las caras adaxiales; escamas de la vaina de los fascículos retrayéndose antes de caer, lo cual sucede antes de que las acículas alcancen su tamaño definitivo.

Conos: solitarios o en verticilos de 2–3, en pedúnculos cortos, deciduos, generalmente más anchos que largos, irregulares, de 2–5 × 3–6 cm cuando abren.

Escamas del cono: 25–40, de las que únicamente 10–15 son fértiles, delgadas, flexibles, con profundas cavidades donde se encuentran contenidas las semillas, extendidas muy ampliamente; apófisis levantada, aquillada transversalmente, con el umbo plano o levantado, de color café claro o café-rojizo.

Semillas: 10–13 × 6–10 mm, con una cubierta dura, generalmente sólo se desarrolla una por escama; sin ala adherida a la semilla.

Hábitat: en estribaciones y mesetas semiáridas, en una zona entre vegetación semidesértica y pinares mesófilos, generalmente en suelos muy delgados y rocosos. Esta especie se asocia comúnmente con *Juniperus*.

Distribución: MÉXICO: en el noreste de Sonora, Chihuahua, Coahuila, Durango, Zacatecas, Nuevo León, oeste de Tamaulipas, San Luis Potosí, Aguascalientes, noreste de Jalisco, norte de Guanajuato, Querétaro, Hidalgo, México, D.F., Tlaxcala, Veracruz y Puebla; también en el suroeste de los EE. UU.

Altitud: (800–)1500–2600(–2800) m.

2 cm

Rosemary Wise.

Especies, subespecies y variedades afines: Esta variable especie tiene algunas subespecies y variedades, las cuales también han sido alguna vez reconocidas como distintas especies. *Pinus cembroides* subsp. *cembroides* var. *bicolor* Little (sin.: *P. discolor* D.K. Bailey & F.G. Hawksworth; *P. johannis* Robert-Passini), es un arbusto o árbol pequeño con acículas en fascículos de 3, raro 2, 4 ó 5, con estomas únicamente en las dos caras blanquecinas internas. Se encuentra disperso en el noreste de México y suroeste de los EE. UU. *Pinus cembroides* subsp. *lagunae* (Robert-Passini) D.K. Bailey (sin.: *P. lagunae* (Robert-Passini) Passini), tiene largas acículas (pero variables), más que otras variedades (hasta 8 cm); existe sólo en la Sierra de la Laguna de Baja California Sur. *Pinus cembroides* subsp. *orizabensis* D.K. Bailey (sin.: *P. orizabensis* (D.K. Bailey) D.K. Bailey), tiene acículas en fascículos de 3–4, raro 5 y conos más grandes (pero variables). Se encuentra en Puebla y áreas adyacentes de Tlaxcala y Veracruz. Todas estas variantes tienen la cubierta de la semilla gruesa y dura y el macrogametofito ("endospermo") rosado, lo cual las distingue como un conjunto de especies de piñón cercanamente relacionadas, excepto *P. culminicola* (No. 44).

⓸ Pinus culminicola

Pinus culminicola Andresen & Beaman

Nombre local: Piñón

Hábito de crecimiento, tronco: arbusto, generalmente decumbente, con muchas ramas, frecuentemente formando una vegetación densa y extensa ("matorral"), de hasta 1–5 m de alto y 15–25 cm de diámetro en el tronco.

Corteza: delgada, escamosa, con placas pequeñas e irregulares, de color café-gris.

Ramillas: delgadas pero rígidas, con pequeñas, decurrentes y persistentes bases de las hojas (de los fascículos); fascículos extendidos a erectos que persisten por 2–3 años.

Acículas: en fascículos de 5 (muy raro 4–6), 3–5 cm de longitud, .9–1,3 mm de ancho, márgenes casi enteros, estomas sólo en las dos caras interiores, en franjas de color blanquecino; las escamas de la vaina de los fascículos retrayéndose antes de caer.

Conos: solitarios o en pares, con pedúnculos cortos, deciduos, generalmente más anchos que largos cuando abren, de 3–4,5 × 3–5 cm.

Escamas del cono: 45–60, solo 10–20 son fértiles, irregulares, delgadas, flexibles, con profundas cavidades donde se encuentran las semillas, extendidas muy ampliamente; apófisis ligeramente levantada, transversalmente aquillada, de color café-amarillento, umbo más obscuro, frecuentemente resinosas.

Semillas: de 5–7 × 4–5 mm, con una cubierta gruesa y dura (frecuentemente sólo una semilla se desarrolla por escama); sin ala adherida a la semilla.

Hábitat: en la cumbre de montañas o en áreas expuestas al viento, con suelos poco profundos, rocosos y calcáreos. Frecuentemente, pero no en todas partes, esta especie crece en extensas y densas comunidades formando "matorrales" sin otra especie de pino; en algunos lugares se encuentra en bosques abiertos.

Distribución. MÉXICO: sureste de Coahuila, sur-centro de Nuevo León, en la cumbre de las montañas; la población más grande se encuentra en el cerro El Potosí.

Altitud: 3000–3700 m.

Rosemary Wise

2 cm

Especies afines: *Pinus culminicola* está emparentada con *P. cembroides* (No. 43) y sus subespecies y variedades. La diferencia obviamente está en su porte bajo y arbustivo, con muchos tallos cortos y curvados. Tiene también un alto número de acículas por fascículo, más que otros taxa. Sus conos y semillas son muy similares.

Pinus remota

45

Pinus remota (Little) D. K. Bailey & F. G. Hawksworth

Sinónimos: *P. cembroides* var. *remota* Little; *P. catarinae* Robert-Passini

Nombres locales: Piñón, Piñonero

Hábito de crecimiento, tronco: arbusto a árbol pequeño con el tronco corto, torcido y ramificado desde abajo, de 3–9 m de alto y 15–40 cm de d.a.p.

Corteza: gruesa en el tronco, escamosa, longitudinalmente fisurada en la parte baja del tronco, de color gris a gris-blanquecino.

Ramillas: delgadas pero rígidas, con prominentes pero pequeñas bases de las hojas (de los fascículos) dejando cicatrices circulares; fascículos extendidos que persisten por 4–5 años.

Acículas: en fascículos de 2(–3), curvadas, de (2–)3–4,5(–5,5) cm de longitud y 0,8–1,1 mm de ancho, márgenes enteros, estomas en todas las caras; las escamas de la vaina de los fascículos no se retraen en forma de roseta, vainas muy pronto deciduas.

Conos: solitarios o en pares, con pedúnculos cortos, deciduos, abriendo ampliamente, con la base plana, más anchos que largos, de (2–)2,5–4 × 3–6 cm cuando abren.

Escamas del cono: 25–35, únicamente cerca de 10 son fértiles, con una cavidad profunda donde contienen las semillas, irregulares, extendidas a lo ancho; apófisis levantada, transversalmente aquilladas, de color café claro a rojo-café, con umbo plano y más obscuro.

Semillas: 12–16 × 8–10 mm, con una cubierta muy delgada y débil (frecuentemente solo una semilla se desarrolla por escama); sin ala adherida a la semilla.

Hábitat: cañones y laderas de montaña, por lo general en suelos muy someros con abundancia de roca caliza, donde la comunidad de Piñoneros-juníperos está pobremente desarrollada; frecuentemente se ve asociada a vegetación con *Opuntia* y *Agave*.

Distribución: MÉXICO: noreste y sureste de Chihuahua, Coahuila y oeste de Nuevo León, en áreas muy separadas; también en el oeste de Texas (EE. UU.).

Altitud: 1200–1600(–1850) m.

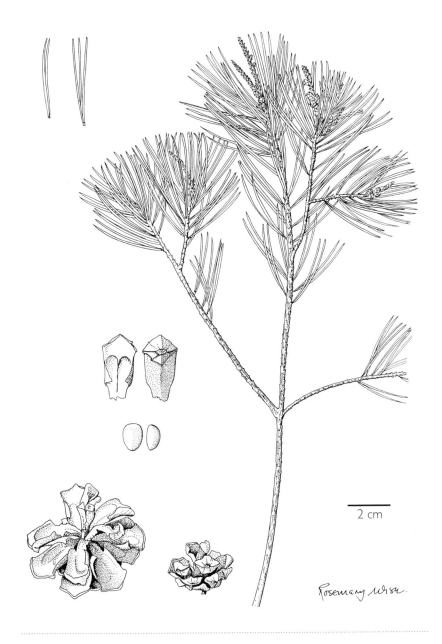

2 cm

Rosemary Wise

Especies, subespecies o variedades afines: En los EE. UU. esta especie ha sido descrita como una variedad de *P. cembroides* (No. 43) o aun como un sinónimo de ella. Sin embargo, es distinta de esa especie principalmente por las semillas, las cuales tienen una cubierta muy delgada (fácil de aplastar) y un macrogametofito ("endospermo") blanco. Esto recuerda a *Pinus edulis*, una especie que se encuentra únicamente en los EE. UU., con dos acículas por fascículo principalmente y semillas similares. *Pinus edulis* tiene más gruesas las acículas (1,0–1,4 mm) con solamente dos canales resiníferos (este carácter es visible sólo con microscopio, no se puede apreciar en el campo), en cambio *P. remota* tiene de 2–5; las escamas de la vaina de los fascículos se retraen en forma de roseta antes de caer y las apófisis de las escamas del cono están levantadas más prominentemente.

Pinus monophylla

46

Pinus monophylla J. Torrey & Frémont

Sinónimos: *P. californiarum* D.K. Bailey; *P. edulis* Engelmann var. *fallax* Little

Nombre local: Piñón

Hábito de crecimiento, tronco: arbusto grande o árbol, de tronco corto y recto o retorcido, ramificado desde abajo, de hasta 15–20 m de alto y 40–50 cm de d.a.p.

Corteza: gruesa en el tronco, escamosa, con placas pequeñas y fisuras poco profundas longitudinales, de color anaranjado por dentro y café-rojizo a gris por fuera.

Ramillas: cortas, sólidas, rígidas, suaves, con las bases de las hojas (de los fascículos) pequeñas, de color anaranjado-amarillento, tornándose con el tiempo grises; fascículos extendidos o erectos, persistiendo de 4–8 años.

Acículas: en fascículos de 1, raro 2, curvadas, de (2–)2,5–6 cm de longitud y 1,2–2,2(–2,5) mm de ancho, redondas, agudas, frecuentemente muy glaucas; los estomas se encuentran alrededor en líneas distintas; vainas deciduas, las escamas de la vaina no se retraen como roseta antes de caer.

Conos: solitarios o en verticilos de 2–4 con pedúnculos cortos, deciduos, abriendo ampliamente, más o menos redondeados en la base y de 4–6 × 4,5–7 cm cuando abren.

Escamas del cono: 30–50, solamente 6–12 de la parte central son fértiles, con cavidades profundas donde se encuentran las semillas; apófisis gruesa y lignificada, levantada prominentemente y frecuentemente cónica, de color café-amarillento, umbo obtuso o plano, frecuentemente muy resinosas.

Semillas: 13–18 × 8–12 mm, con una delgada y frágil cubierta (casi siempre sólo una semilla se desarrolla por escama); sin ala adherida a la semilla.

Hábitat: en o un poco por encima de la zona de chaparral, frecuentemente con *P. quadrifolia* y/o *Juniperus californica*, pero sin formar extensas comunidades de Piñoneros-juníperos, en suelos poco profundos y rocosos.

Distribución: MÉXICO: Baja California Norte, en la Sierra de Juárez, Sierra de San Pedro Mártir y Sierra de la Asamblea; también ampliamente distribuida en el suroeste de los EE. UU.

Altitud: (950–)1200–1700(–2000) m.

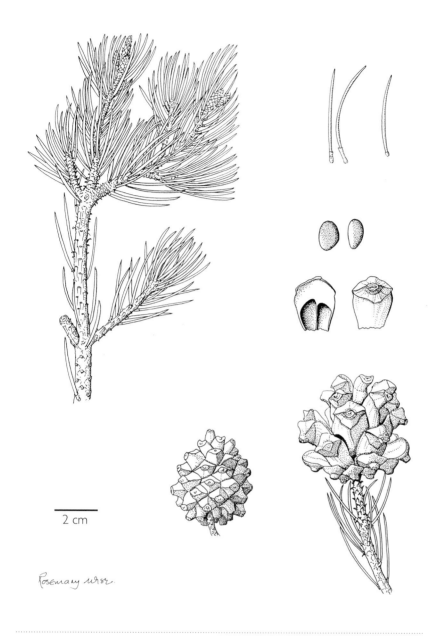

2 cm

Rosemary 1982.

Notas: Esta especie es por lo general fácilmente reconocida por tener sólo una acícula, pero ocasionalmente se pueden encontrar fascículos con 2 en el mismo árbol.

Especies, subespecies o variedades afines: En Baja California, *P. monophylla*, ocurre con frecuencia en la misma área que *P. quadrifolia* (No. 47). Las dos especies hibridizan ocasionalmente y los árboles con 2–3 acículas predominantemente pueden ser de origen híbrido. *Pinus quadrifolia* tiene normalmente (3–)4(–5) acículas por fascículo. Los conos de las dos especies son muy similares.

ⓐ Pinus quadrifolia

Pinus quadrifolia Sudworth

Sinónimos: *P. cembroides* var. *parryana* (Engelmann) A. Voss; *P. juarezensis* Lanner

Nombre local: Piñón

Hábito de crecimiento, tronco: arbusto grande o árbol, de tronco corto, generalmente ramificado desde abajo, de hasta 10–15 m de alto y 30–50 cm de d.a.p.

Corteza: gruesa en el tronco, escamosa, con profundas fisuras, por dentro de color anaranjado-amarillento y por fuera café cambiando a gris.

Ramillas: sólidas y rígidas, con las bases de las hojas (de los fascículos) pequeñas, pronto grises; fascículos extendidos o erectos, esparcidos , persistiendo de (3–)4–7 años.

Acículas: en fascículos de (3–)4(–5), muy raro encontrar fascículos con 2 ó 6, generalmente curvadas, de (1,5–)2–4(–5) cm de longitud y (0,8–)1–1,5(–1,7) mm de ancho, márgenes enteros, estomas solamente en las dos caras internas; vainas deciduas, las escamas de la vaina recurvándose sólo ligeramente.

Conos: solitarios o en verticilos de 2–4, en pedúnculos cortos, deciduos, abriendo ampliamente, algo redondeados en la base cuando abren, de 4–6 × 4,5–7 cm (frecuentemente más anchos que largos).

Escamas del cono: 30–50, solo 6–12 de la parte central son fértiles, irregulares, con profundas cavidades donde se encuentran las semillas; apófisis gruesa y lignificada, piramidal o cónica, de color café claro o café-rojizo, con el umbo obtuso.

Semillas: 12–18 × 8–12 mm, con la cubierta frágil y delgada (con frecuencia sólo una semilla se desarrolla por escama); sin ala adherida a la semilla.

Hábitat: principalmente en la zona entre el chaparral o la vegetación semiárida y el bosque mixto de coníferas, en suelos rocosos de origen granítico o volcánico, en algunas áreas formando comunidades de Piñoneros-juníperos, con *Juniperus californica* y frecuentemente *Quercus turbinella*.

Distribución: MÉXICO: Baja California Norte, hasta cerca de 30° 30´ de latitud norte en las estribaciones de la Sierra de San Pedro Mártir; también en la Alta California en los condados de San Diego y Riverside (EE. UU.).

Altitud: 900–2400(–2700) m.

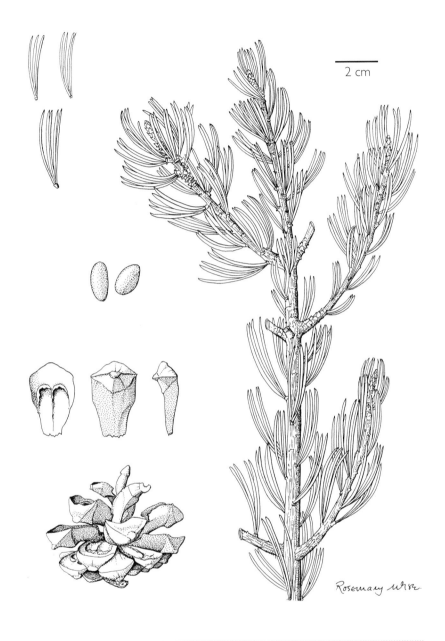

2 cm

Rosemary Wise

Notas: Como en todos los pinos piñoneros, las acículas tienen la tendencia a caer individualmente o en fascículos enteros. Por lo tanto, para obtener el número de acículas por fascículo se deben contar en los fascículos más jóvenes, en el apice de la ramilla, no no aquellos en la parte inferior de la ramilla.

Especies, subespecies o variedades afines: Esta especie está relacionada con *P. edulis* (no presente en México) y con *P. monophylla* (No. 46).

Literatura

Las referencias citadas abajo se limitan a unos pocos recientes o bien conocidos trabajos florísticos o artículos y en ningún caso representan una revisión general de la literatura publicada sobre los pinos de México y América Central. Todas ellas no han sido citadas necesariamente en esta guía de campo. Ya que la taxonomía y las descripciones de esta guía están basadas en la revisión que se publica casi simultáneamente en la Flora Neotropica, esta es obviamente la referencia más importante en este contexto. Sin embargo, puede ser útil también comparar las descripciones presentadas aquí con trabajos previos, mientras que el estudiante que está interesado en estudios más amplios de la taxonomía de los pinos, encontrará en esta lista de referencia una amplia información para una buena introducción a este tema.

Carbajal, S. & R. McVaugh. 1992. *Pinus*. En: R. McVaugh. Flora Novo-Galiciana 17: 32–100. The University of Michigan Herbarium, Ann Arbor.

Critchfield, W. B. & E. L. Little. 1966. Geographical distribution of the pines of the world. U.S. Forest Service Miscellaneous Publication 991. Washington, D.C.

Farjon, A. 1995. Typification of *Pinus apulcensis* Lindley (Pinaceae), a misinterpreted name for a Latin American pine. Novon 5: 252–256.

Farjon, A., C. N. Page & N. Schellevis. 1993. A preliminary world list of threatened conifer taxa. Biodiversity and Conservation 2: 304–326.

Farjon, A. & B.T. Styles. 1997. *Pinus*. Flora Neotropica Monograph 75. The New York Botanical Garden, New York.

Kral, R. 1993. 6. *Pinus*. En: Flora of North America Editorial Committee (ed.). Flora of North America, North of Mexico 2: 373–398. Oxford Univerity Press, New York.

Malusa, J. 1992. Phylogeny and biogeography of the Pinyon pines (*Pinus* subsect. *Cembroides*). Systematic Botany 17: 42–66.

Martínez, M. 1948. Los Pinos Mexicanos. Ed. 2, Universidad Autónoma de México, México.

Mirov, N. T. 1967. The Genus *Pinus*. Ronald Press, New York.

Perry, J. P. 1991. The Pines of Mexico and Central América. Timber Press, Portland, Oregon.

Índice de especies

Los nombres aceptados están en **negritas**, los sinónimos están en *itálicas*.

1. Pinus leiophylla

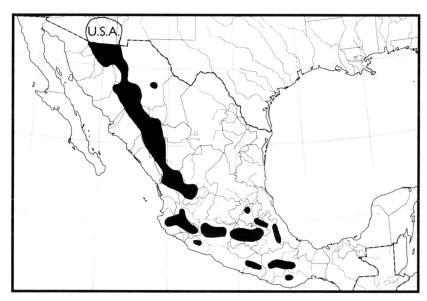

3. Pinus contorta var. murrayana

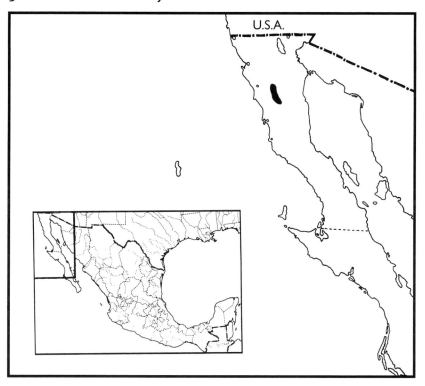

4. Pinus herrerae

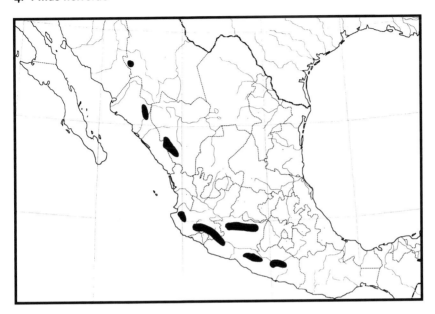

5. Pinus caribaea var. hondurensis

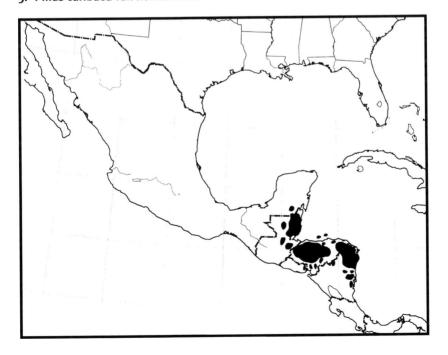

9. **Pinus ponderosa** var. **scopulorum**

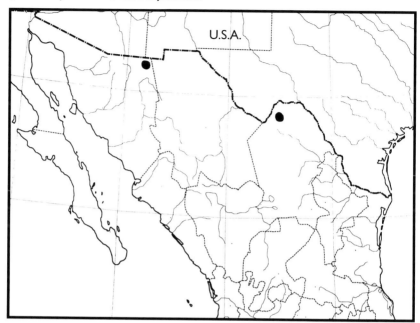

10. **Pinus arizonica**

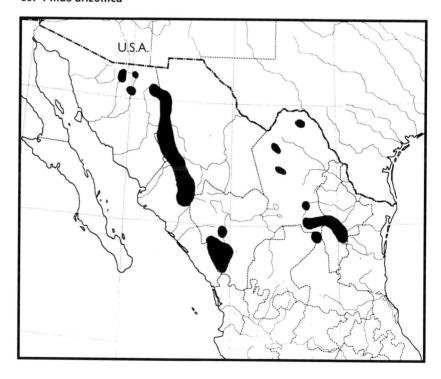

11. Pinus jeffreyi

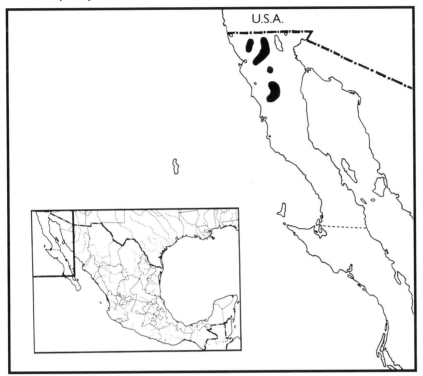

12. Pinus engelmannii

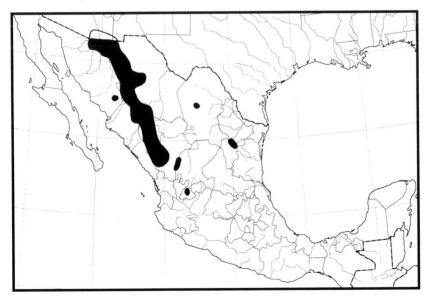

13. Pinus hartwegii

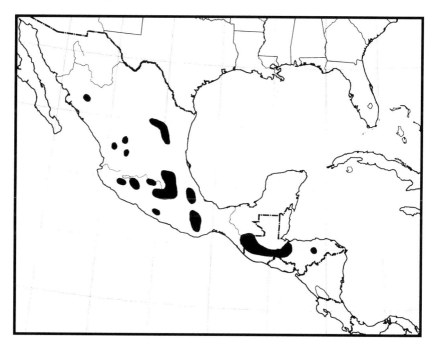

14. Pinus pseudostrobus

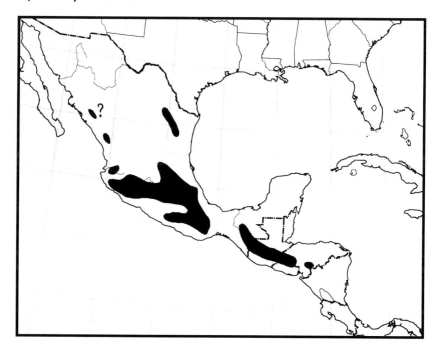

15. Pinus montezumae

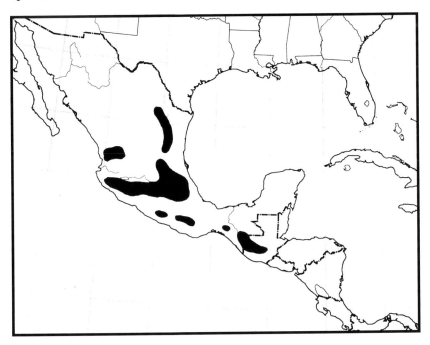

16. Pinus devoniana

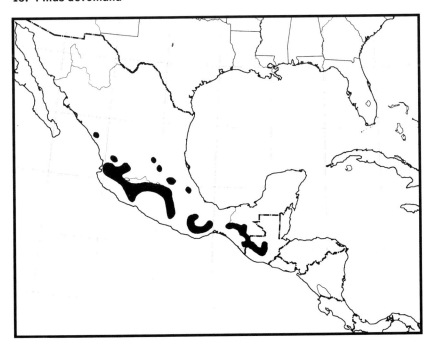

17. Pinus douglasiana

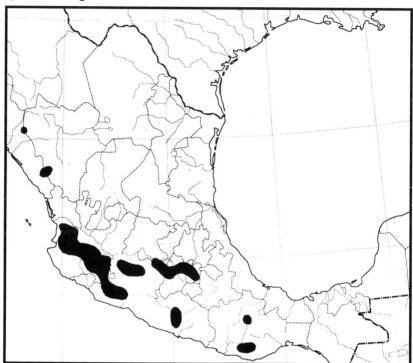

18. Pinus maximinoi

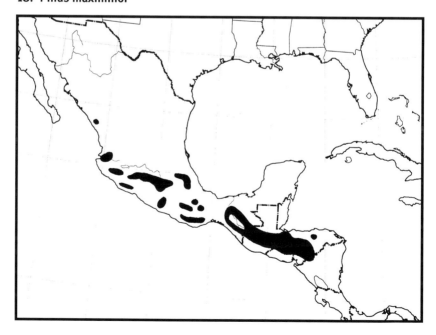

19. Pinus lumholzii

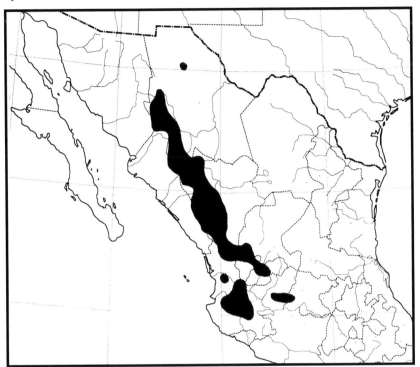

20. Pinus oocarpa

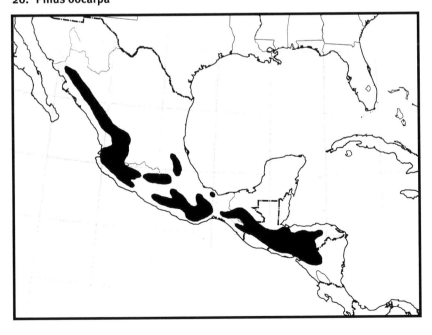

21. Pinus praetermissa

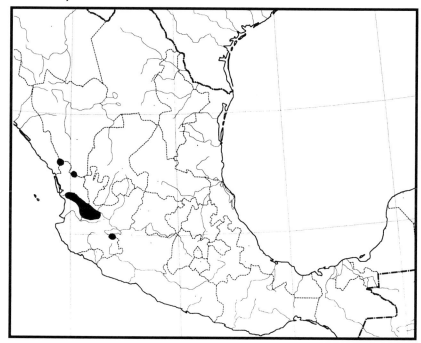

22. Pinus patula

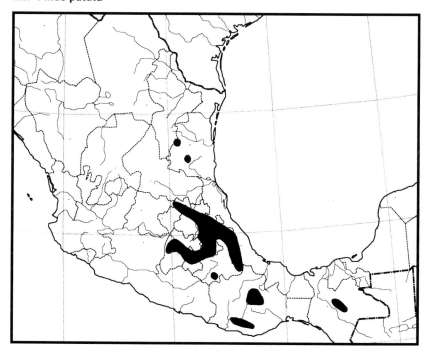

23. Pinus jaliscana

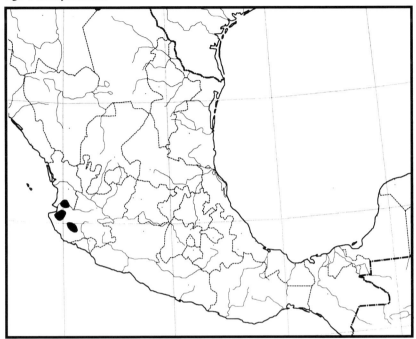

24. Pinus tecunumanii

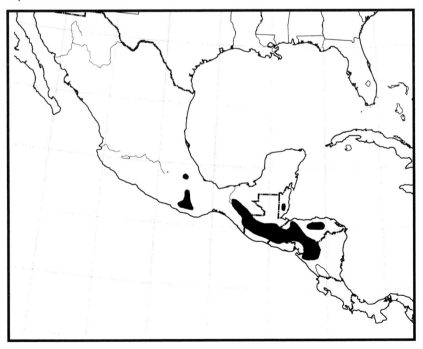

25. Pinus durangensis

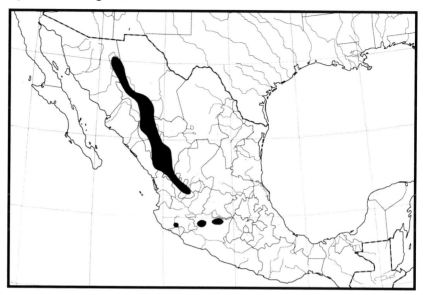

26. Pinus lawsonii

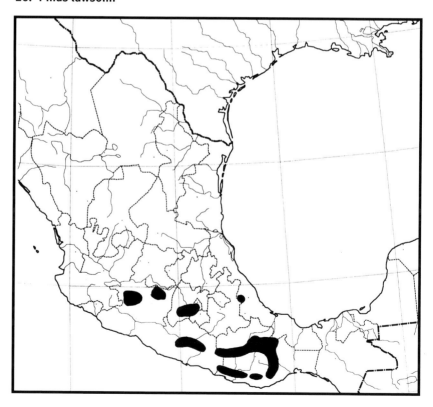

27. Pinus pringlei

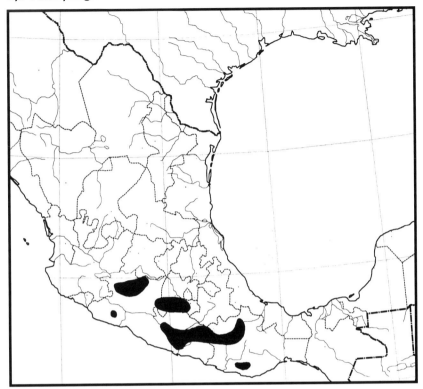

28. Pinus teocote

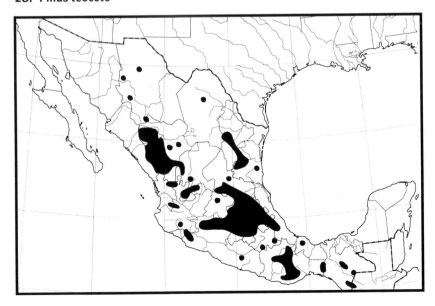

29. Pinus muricata

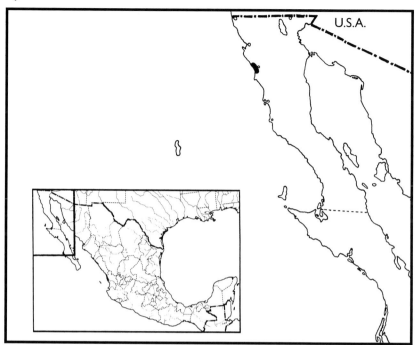

30. Pinus radiata var. binata

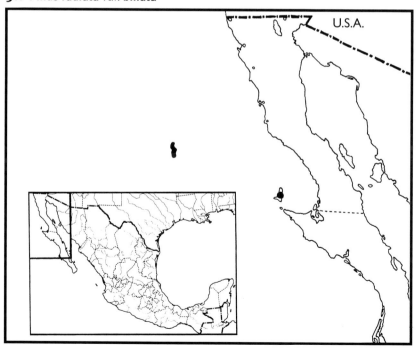

31. Pinus attenuata

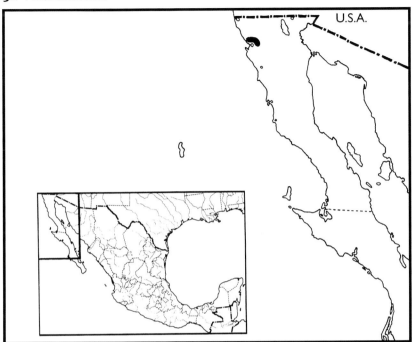

32. Pinus greggii

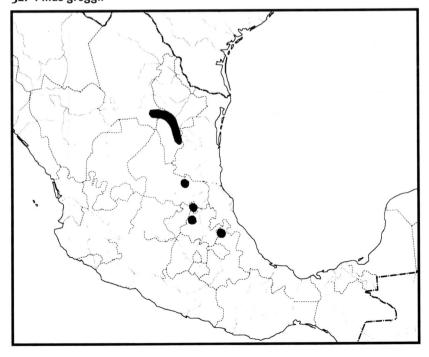

33. Pinus coulteri

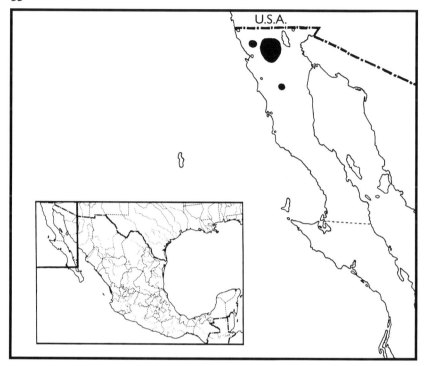

34. Pinus ayacahuite

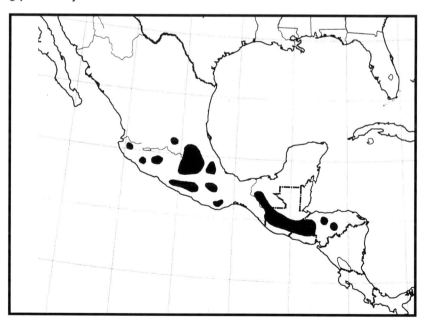

35. **Pinus lambertiana**

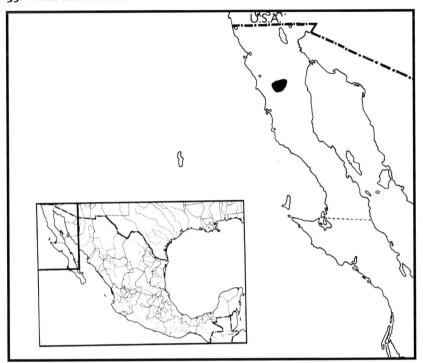

36. **Pinus flexilis** var. **reflexa**

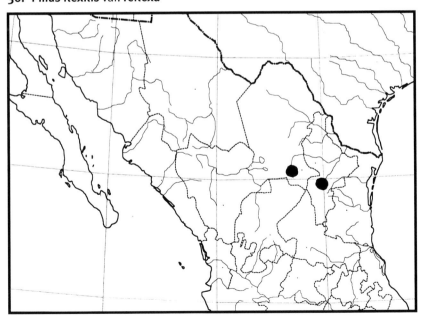

37. Pinus strobiformis

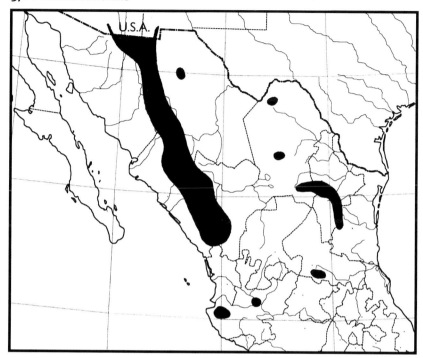

38. Pinus strobus var. chiapensis

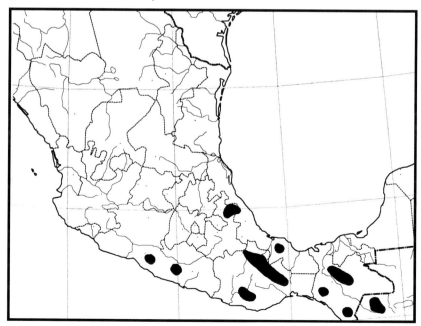

39. Pinus rzedowskii

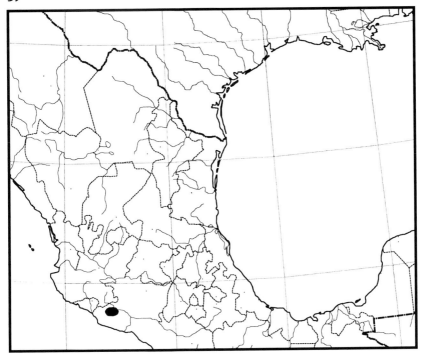

40. Pinus. maximartinezii

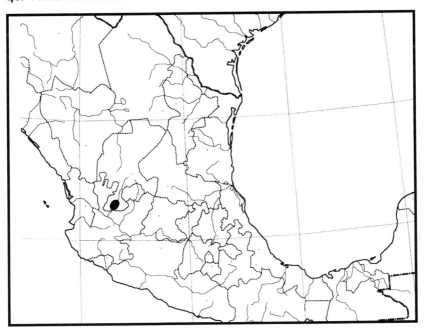

41. Pinus nelsonii

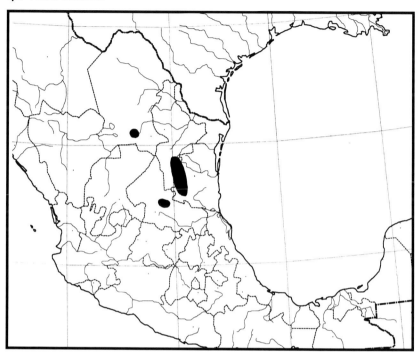

42. Pinus pinceana

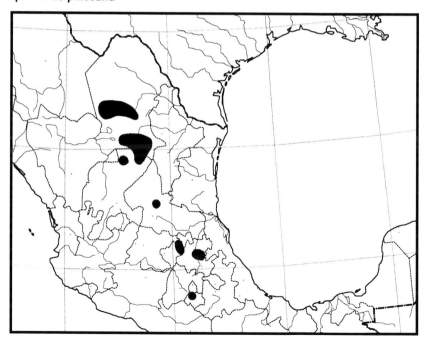

43. Pinus cembroides

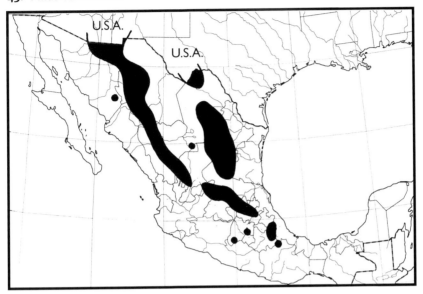

44. Pinus culminicola

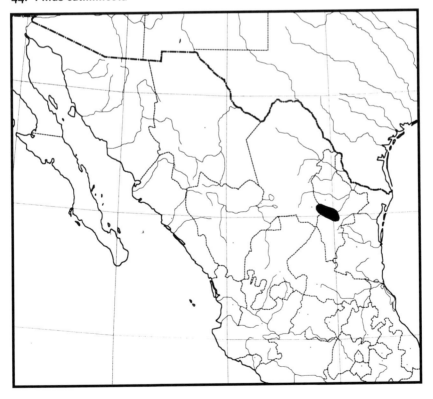

45. Pinus remota

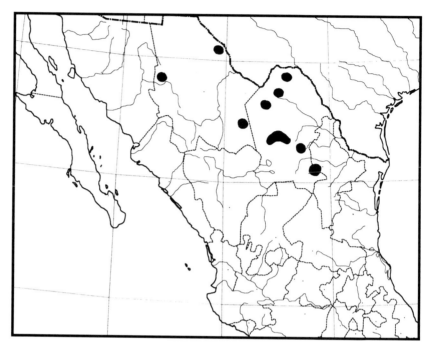

46. Pinus monophylla

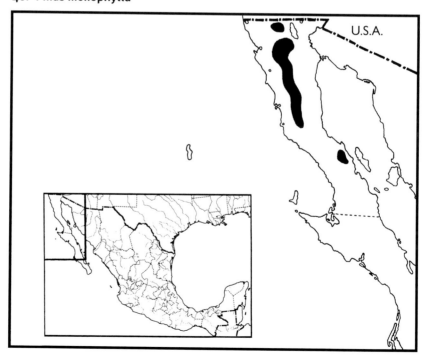

47. Pinus quadrifolia

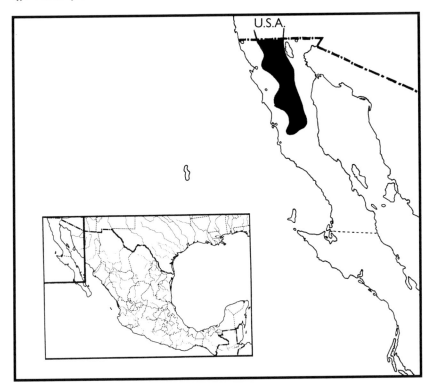